JN013359

船の仕事 海の仕事

伊藤玄二郎［編］

船の仕事　海の仕事

はじめに

私と「海」そして「船」の関りは、本文の中に書いています。

私は穏やかな海が広がる鎌倉で生まれ育ちました。海は子ども時代の遊び場でした。高校生活は横浜で過ごしました。放課後は横浜港によく足を運び大桟橋に停泊している豪華客船を目の当たりにして海の向こうの異国に心を馳せました。大学二年の時、P&Oという船会社のオリアナ号で横浜港からイギリスのサウザンプトに渡りました。二十八日間の船旅は時を隔てた今も心が躍る想い出です。もしあの時飛行機を利用していたならば記憶のアルバムは小さな冊子で終わっていたでしょう。

地図を見れば一目で分かります。日本は四方を海に囲まれた海洋国家です。わたしたち日本人は、海洋民族です。わたしたちの体の中に海が生きているのです。日本の領土・国土・EEZ（Exclusive Economic Zone. 排他的経済水域）の全ての面積を合わせますと、日本は世界第六位の海洋大国なのです。この誇るべき事実を私たちは知らなくてはいけません。

文明の発達で、地球が狭くなりました。明日には地球の裏側に立っていることも可能です。物流の分野も同じです。世界に張り巡らされた飛行機のネットワークで、外国の食料品や日用品なども数日にして手にすることが出来るのです。飛行機は確かにスピード感があります。しかし、その重さや規模は限界があります。そこで船の果たす役割が重要となるのです。島国である日本は海で守られ、船で生活が支えられているのです。

先の太平洋戦争で日本の船の多くが沈没し、船員が亡くなっています。船が安全に航行するには平和でなくてはならないのです。

この本が出る頃に、ウクライナの悲劇が終わっていることを祈ります。

人々の生活が豊かになるにつれて、海外から輸入される食料品や身の回りの日用品の需要が増え、それを運ぶより多くの船が必要です。海運のＩＴ化は目を見張る進化です。より優秀な船員が必要になります。日本人船員の仕事は世界でも指折りです。しかし日本人船員の数は急激に減っています。

現在、外国航路に乗船する船員は約五五〇〇〇人いますが、その中に占める日本人の船員は約二〇〇〇人です。日本人の比率はわずか三・五パーセントにすぎません。島国日本、海とともに生きる私たちはもっと海や船のことを知らなくてはなりません。

この一冊を通じて、文学や芸術、歴史など様々な角度から、もっと海のこと、船のこと、世界のことをより深く知ってもらい、一人でも多くの皆さんにとって海を目指すきっかけになることを願っています。

この本は全日本海員組合の協力で発行されました。

編者　伊藤玄二郎

海の詩

海の意味

詩・谷川俊太郎

絵・北見 隆

海を見ている
どこまでも行きたいと思う
いつまでも行けると思う
それなのにここがどこか
いまがいつか分からなくなる

海を聞いている
この星の大きな心臓が脈打っている
途絶えることのない血がめぐっている
まだ生れない誰かの声がする
決して立ち去らないものの歌が聞こえる

海に触れている
小さな小さなプランクトンが
巨大な鯨を養っている
深い海溝にひそむ未知のいのちを
海藻の指がためらいがちにまさぐっている

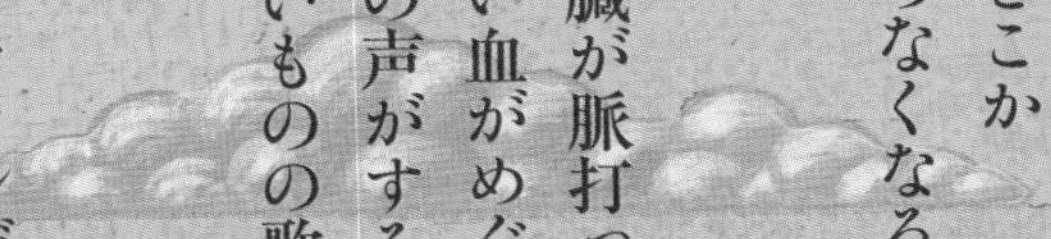

海を思っている
地球を守る大気と同じ色の青い衣
魚たち貝たちと分かち合うヒトのふるさと
嵐と凪の表面の底の変らぬ静けさ
倦むことなく無限を指し示す水平線

海を愛している
風にあらがいながら風を孕む帆
日焼けした腕に残る白く乾いた塩の味
海の果実に滴るレモンの香り
古代の伝説そのままの思い出と予感

「シャガールと木の葉」より

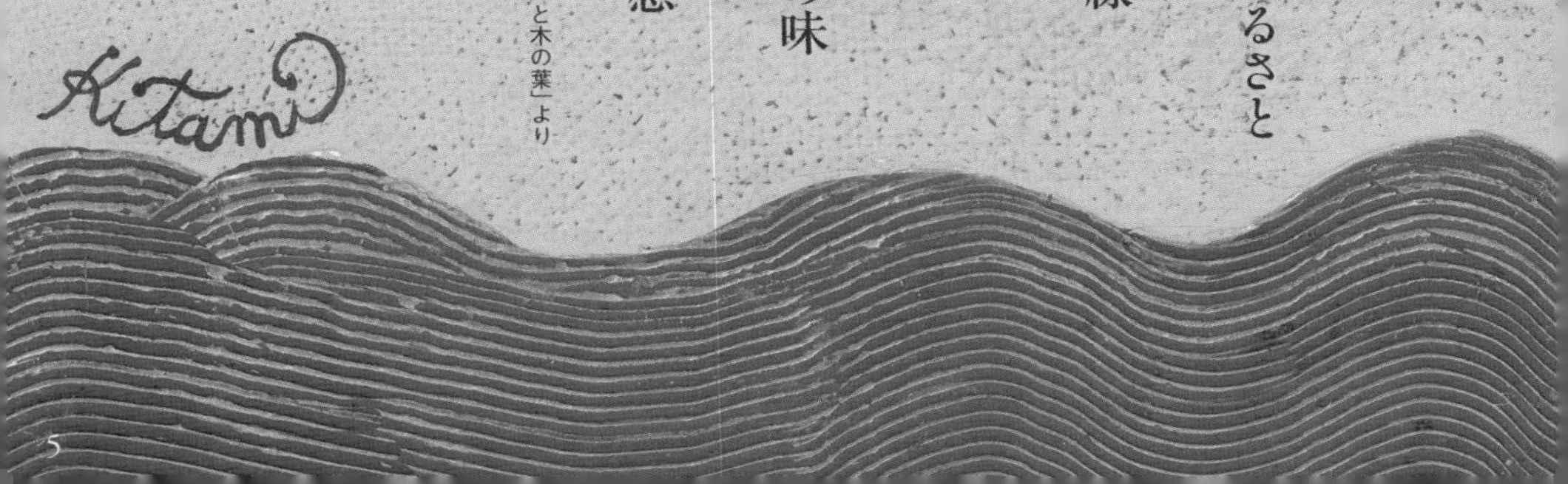

Kitami

船の仕事　海の仕事

目次

私と船そして海Ⅰ

海の講座

私と船そして海Ⅱ …… 115

船と海の小百科

カバー・扉画●吉野晃希男
ブックデザイン●中村聡

私と船
そして海
I

海こそふるさと・船こそ人生

加山雄三

生まれたのは横浜。横浜港が見える丘の上の家だった。母は毎日のように海を見ながら、おなかの中にいる僕に向かって「海のように広い心を持った人間になってね」と語りかけたという。一歳半になった時、茅ヶ崎に転居した。当時、僕は腺病質で、僕を元気な子に育てるために、海の近くに引っ越すことを決めたのだ。だから僕の命が母の胎内で育まれている時、そしてこの世に生を受けてからも、海は身近にあった。

小学校の低学年の時だった。両親が留守をしていたある日、僕は父の愛用のカメラを持ち出して、横浜港まで出掛けた。大桟橋のそばまで行って、繋留されている貨物船や大小さまざまな船を撮りまくった。船への憧れはこの日に始まったと言えるかもしれない。外国船の写真は、僕の宝物になって、長い間、壁を飾っていた。

僕は勉強が好きではなかった。心配した両親は、小学五年生の僕に家庭教師をつけた。嫌々出掛けた先生の家だったが、部屋に入るなり僕は興奮した。船の写真や本、設計図がところ狭しと置かれている。先生は造船技師志望の商船大学の学生だった。その日から僕は勉強を習いに行くというより、海や船の話を聞きにいくのが目的になった。僕は俳優になってしまったが、ずっと造船技師になることを夢見ていた。その発端はこの方との出会いにある。

茅ヶ崎の海岸の一・四キロ沖合にある烏帽子岩に行きたいと思った。自分で船を造ることを決

19歳の時に造ったブレイブマン号

意する。家で見よう見まねで船の図面を書き、画用紙で模型を作って浮力や復元力の実験を重ねた。僕の記念すべき第一号が完成したのは、茅ヶ崎第一中学校の二年生、十四歳の時だ。全長三・八メートルのカヌー。初航海は念願だった烏帽子岩。このカヌーで何度か人助けをした。烏帽子岩と海岸の間にはすごい流れがある。真っ直ぐ泳いできても流される。僕が島にいる時に、人が波間で手を振っている。溺れかけているのだ。カヌーを降ろして助け上げて島へつけて、「渡し船が来るまで待ってろ」なんて偉そうに学生なのに言った記憶がある。

十九歳の時だ。僕は父にある交換条件を持ちかけた。

「モーターボートを造ったら、エンジンを買ってくれるかな」

「ああ、いいよ」

父は間髪入れずに了承してくれた。造れるわけがないと思ったのだろう。

僕は従兄弟二人と夏休みの毎日、「茅ヶ崎造船所」と呼んだ自宅の体操場で船造りにいそしんだ。完成した船を、父に真っ先に見せたのは言うまでもない。父は信じられないという表情になった。僕らはそれを予想していたので、出来上がりまでの過程を収めた写真を見せた。

「約束したよね。エンジンを買ってくれるって」

近所に米軍のキャンプに勤めている二世の人が住んでいて、その人がよく家に遊びに来ていた。父はその人にボートの完成前から相談していたようだ。親は有難いものだ。米軍キャンプの中で中古の四十馬力を探し出した。

茅ヶ崎での進水式では、父も喜んで乗船した。当時、相模湾を航行していたのは日本の伝統的な伝馬船ぐらい。その中を僕らのモーターボートが突っ

最新の光進丸

走っていく。晴れ晴れとした気分とはこのことだ。

四十馬力のモータポールはすごかった。烏帽子岩はものの三分で着いてしまう。

或る日、大島へ一人で船を走らせた。地図もなければ羅針盤もない、レーダーも持ってない。今考えると無謀なことだ。途中エンジン故障で漂流した。日が暮れていく。当時は今みたいにたくさんの船はいない。誰もいない。夜中の心細さったらない。二晩そのまま流された。エンジンをばらして掃除して組み立てて、二日目にエンジンがやっとかかった。岸に近づいたら銚子のはずれにいることが分かった。房総半島まわって江ノ島が見えた時は嬉しかった。

家に帰って「水くれ腹減った」と言ったら、母が「あんたどこ行っていたのよ」。「漂流してた」「馬鹿だね」。馬鹿だねで終わってしまった。子も子だけど、親も親。

でも、もう二度と船に乗るのが嫌だとも怖いとも思わなかった。海を甘くみてはいけない、命が助かっただけで有難いと思え、と自分に自分で言い聞かせた。

自分の船を造るために俳優になった僕が、その夢を実現したのは、東京オリンピックのあった一九六四年の夏だ。念願の船は全長一二・七五メートル、総トン数一七トン、十二人乗りの本格的なクルーザーだ。横浜の造船所で起工式をあげたのが、前年の秋。時間さえあれば、仕事の合間をぬって作業現場に出掛けていた。同時に試験勉強もやった。小型船舶操縦士の免許がないと乗れない。「赤ひげ」の撮影中のことだ。勇気を奮って黒澤明監督に相談したら、意外にも快くＯＫしていただき、首尾よく免許を手に入れた。

完成した船の名は「光進丸」。進水式は八月三十一日。夜、しかも土砂降りの雨の中、仲間と一緒に初航海に出た。真っ暗な闇の中、波は高く、危ないと感じながらの船出だった。どうしても九月一日に江ノ島に着きたい理由があった。網代湾で一泊し、朝九時に江ノ島のヨットハーバーに到着。汽笛を鳴らしながら入港した。実は、この日はオリンピックの競技会場として整備されたヨットハーバー開港初日だったのだ。つまり、光進丸は入港第一号。気分は最高だった。

２代目の光進丸

よく船のどこが好きなのですか、と聞かれる。僕にとっては「船こそ俺の人生」なのだ。船ほど厳しくて体力が必要なものはない。航海中に時化に遭えば、それこそ震度六～七の揺れがずっと続く。その中でも寝て、食べなければならない。ロマンとはほど遠い自然の猛威と闘うのだ。

そんな目に遭わないためには、情報を収集し、天候を把握し、潮流を計算してコース取りをする。これも僕にとっては「海とたわむれる」ことである。それも楽しい。

（俳優）

海という人生の光背

石原慎太郎

海は私の人生にとってのいわば光背といえるが、その千変万化の姿を収斂して私にとっての代表的な三つのイメイジがある。

一つは幼少年期に北海道で目にした荒々しい北の海。二つ目は小樽から父の転勤で移り住んだ湘南で親しんだ明るくいかにも優しい海。そして第三には長じてから長年の願いを果たして参加したヨットレースで何度か渡った貿易風の吹き染める太平洋だ。

北海道時代にも夏ともなるとごく限られた期間だったが両親に連れられて近くの蘭島の海岸に海水浴にいったものだが、まだ泳ぎも出来ぬままに水への恐れが絶えなかった。そしてある年の秋遅くの日曜日、汽船会社の支店長をしていた父が私たち兄弟をいつになく早く起こして連れていった、蘭島とは逆の郊外の朝里の荒涼とした海のすぐ沖合に、昨夜の嵐の中で遭難坐礁したという父の会社の汽船が、横転して赤い船腹を見せながらまだ収まらぬ高い波に苛まれている光景を眺めて海へのいっそうの恐ろしさが育まれた。

仲間を救うために命綱をつけて海に飛び込んで死んだという二等航海士の青白い彫像のような死体まで見せられて、私たち兄弟としては生まれて初めて目にする人間の遺体だったが、海への畏敬がいっそうつのったのを覚えている。

それにしても父がなんであの時私たちを強引に起こしてあんな所へ連れていき、あんなものを目にさせたのかわかるようでわからない、父なりの思い切った教育のつもりだったのかもしれないが。まだ年端もいかぬ子供が眺めるにはなんとも衝撃的だった。

しかしその印象の強さが、後に移り住んだ湘南の海の優しさ美しさをことさら際立たせてくれたのかもしれない。海を含めてあの北国の風物に比べ、後に中学の国語の教科書でも読まされた徳冨蘆花の『自然と人生』に描かれた湘南の風物はそれそのままに透明に明るくきらめいていた。

私たちの家は海岸にはわずか五十メートルの間近さで、ひと夏の間に泳ぎも上達し兄弟して海に耽溺して過ごした。あの頃家のすぐ前を流れる田越川にはウナギやハゼといった魚はこと欠かず、海水浴の砂浜の遠浅の水底には見事なキスやホウボウが沢山いて粗末なゴーグルと簡単な手モリで簡単に仕留められ家の食卓を飾ったものだ。

そして当然の帰結かも知れないが、思春期に入った私たち兄弟は当時としては最高の遊び道具

1968年愛艇コンテッサで

1963年日本人として初めてトランスパックレースの参加。無事にハワイにゴール

だったヨットを買ってくれるように父にせがみ、子供にはいかにも甘かった父は母が添えてくれた言葉もあってその願いをかなえてくれたのだった。

わずか十二、三フィートのA級ディンギだったが当時湘南に住む子供たちにとってこれほど贅沢な玩具はありはしなかった。そこらの手漕ぎのボートと違って帆走する船の魅力は格段のもので、傾斜（ヒール）をつぶしながら身をそりだし背中を波の飛沫に晒して走る快感はすなわち海との一体感だった。

それはさらに長じて手がけるようになった外洋帆走レーサーの上での悦楽に収斂されていき、私が日本では初めて行った外国の海での国際レース参加で、香港からマニラまで南シナ海を走るレグで、熱帯のフィリッピン沿岸をスピンネーカー（袋帆）を上げフルセールで走りながら華麗な南国の日没を眺めハーモニカを吹き、アペリチフを飲み交わしてする船上の晩餐の間にも、手を延べ追い越していく波に触ってみながら確かめる海への陶酔となっていった。
そしてその翌年遂に夢を果たして参加したロス、ホノルル間のトランス・パックレースで、スコールの後海一面に十、二十と立つ太平洋ならではの虹の林を眺め、やがてたどりついたマウイとモロカイの海峡では深夜満月の下で仰いで潜り抜けた夜にもなおほのかな七色に輝く神秘な虹のゲイトを眺める至福ともなった。多分日本人の中で私ほど気ままにさまざまな海を楽しんできた人間はいまいと思う。

1963年ヨットで弟裕次郎と

そしてそうした海での体験、ある時は死さえも予感させるような荒天下の試合や航海の折々に、私はもう地上の生活では味わうことの出来ぬ、同じ小さな船に乗り合わせた仲間ゆえの本ものの連帯、本ものの友情、本ものの責任、本ものの勇気といったものを蘇らせ体得することが出来た。その意味でも海はすべてを蘇らせて育む存在の母なのだ。

湘南の海が私や弟の内に育んだ海への憧れは、結局私たちの人生の芯に人間にとっての存在の光景としての海を与えてくれたと思う。父がさぞかし奮発して買ってくれただろうあの小さなディンギ・ヨットこそが、まさしく私たち兄弟の人生を決めたともいえそうだ。

（作家）

船は私のいのちの恩人

文・ちばてつや　絵・チバコウゾウ

今年で八十三歳になります。つくづくと、ずいぶん長いこと生きてきた、漫画をかきつづけてきたと思います。

というのは、家族ともどもいのちを失ってもおかしくない、ことばでは表現できない、つらく厳しい体験をしたからです。いまもこうして漫画をかいていられるのは、いのちの恩人ともいえる船の存在があったからです。

子どもの頃は中国の瀋陽市、当時の満州・奉天市に住んでいました。父親が印刷会社で働いていて、三メートルもある高いレンガ塀に囲まれた中にある社宅がわが家でした。

当時日本の本土では、毎日のようにB29の空襲を受けて大変な状況だったのに、遠く離れたまちの高い塀の中で暮らしていると、そんな戦争の気配は感じませんでした。

ただ時々、塀の外に出ると街の雰囲気が日に日に変化していくのを子ども心にも感じていました。終戦間際に父親は兵隊になるための訓練をうけるため家を留守にしたときには、一層、不安な日々を過ごしました。

昭和二十年八月十五日、日本の敗戦を知らされたその日からは敗戦を知った中国人たちが毎日のように日本人の住居を襲いました。

敗戦から十日ほど過ぎた晩、すっかり衰弱した父が戻ってきました。そのあと、母がありったた

けのお米を炊いて、おにぎりを作っていた記憶があります。服を着せられ、リュックを背負わされ社宅を真夜中に抜け出しました。引き揚げ船に乗るまで、約一年間の避難生活、逃亡生活の始まりです。

われわれは奉天市から三百キロほど離れたコロ島いう港をめざして歩き始めました。コロ島へ行けば、日本へ帰る船に乗れるかもしれない、という話が日本人の間に伝わっていました。

印刷工場で父の部下だった中国人に倉庫の屋根裏に匿ってもらったことがあります。ただし、一歩も屋根裏から出られない。物音をたてたり騒いだりも出来ません。弟たちは、退屈して、おなかがすいて、泣くのです。そういう時に私が絵をかいて、お話をつくって聞かせてやると、静かになって寝てくれます。つたない絵で紙芝居のようなものですが、弟たちは「つぎはどうなるの」と聞いてきます。「その話はもう聞いたよ」と言われないように、次々と新しいストーリーを考えないと飽きられてしまいます。いま思うと、私が漫画家になった原点はそういうところにあったのかなと、思います。

どこへ逃げてもわれわれ日本人たちにとって安全な場所など中国にはなく、廃校になった日本人の学校や、時には橋の下に身を寄せ合って、冬には零下三〇度にもなる寒さをしのぎながらコロ島をめざしました。敗戦の年からつぎの年にかけてのひと冬だけで、引き揚げ者のうち、十八万から二十数万人の日本人が死んだともいわれています。わが家の一家六人は、全員ひどい栄養失調になりながらも、次の年の夏、コロ島の港にたどり着くことができました。(てつや七歳)

港に停泊していたのは白竜丸という大きな船です。僕たちはこの船で日本へ帰れるんだ、命が救われるんだと思い、子ども心にも白竜丸がとても尊い存在に見えました。

日本に帰る船に乗ることができて気がゆるんだのか、船内で息をひきとる人が少なくありませんでした。印刷所の社宅からいっしょに逃げてきた友だちもそのひとりでした。夏で伝染病の恐れがありますから、亡骸は毛布などにつつまれ水葬に付されます。何人もの遺体を沈めると船はその周りをゆっくりと三周し、長い長い汽笛を鳴らして別れを告げるのです。

コロ島の港を出港してから約五日後、デッキから歓声が上がりました。「おおっ内地が見えるぞっ」。内地とは日本の本土のことです。歓喜の声とともに船はゆっくりと博多港に入ってゆきました。

引き揚げの記憶を思い起こすと、命を救ってくれた白竜丸のたのもしい姿がいまも脳裏に浮かびます。そして、戦争は絶対にしてはいけない、平和を守っていかなくてはいけないと自分に言い聞かせています。

（漫画家）

汐のかおり

三木　卓

幼いころ、中国の大連ですごした。ここには立派な埠頭があって、神戸から来る定期船が横付けになる。船と埠頭のあいだに平行な橋がかかって、人はそれをわたっておりて来た。出迎えに出たわたしは、降りて来た知りあいのおじさんに頭をなぜられたりした。

本土へ帰る人を見送りにいくこともあった。そういうときはテープを持たされた。帰る人はそれの片方をもったままタラップを渡っていく。出港する船と見送りの人々のあいだにさまざまな色彩のテープの橋がかかる。やがて銅鑼がなり船が岸壁をはなれていくと、テープは切れて、次々に下におちていった。たがいに「元気でいけよ」「がんばれ」という声が聞きとれなくなり、顔も見分けがつかなくなる。「螢の光」の演奏だけが続いている……。

大連は〈北海の真珠〉と呼ばれる美しい港町である。中国人もロシア人も日本人もこの町を愛した。大連港は不凍港だったから、ロシア人の執着は、はげしかった。かれらは日清戦争のあと、あかぬけしたヨーロッパ風のあかるい街を建設したけれど、日露戦争で日本にうばわれてしまった。

わたしが少年時代を過ごしたのは、昭和の十年代で、ロシア人の女学校を本社につかっていた南満洲鉄道が、この町に大いに手を加えたあとだった。ロシア人のつくったアカシアの並木とか、波止場とか、家屋はまだ沢山のこっていたけれど、満鉄は堂々たる煙突つきの二階建の社宅をあ

大連郊外星ヶ浦海水浴場（所蔵：愛知大学国際中国学研究センター）

ちこちにつくった。郊外の星ヶ浦には立派な海水浴場〈星ヶ浦〉をつくり〈星の家〉という海水浴客たちのいこいの場もあった。なだらかな丘陵は、別荘地で占められていた。

市内電車に乗って、星ヶ浦へ行くことが、どんなにすばらしいことだったか。こどものわたしは波打ちぎわで波とたわむれ、大きな波にあらわれた。シャーと引いていく波の音もこころよかった。

輝く光のなかに水平線がひろがる。いくつか小さな島もある。船が航行していて、島影の前を行く船、後ろにかくれる船。

星ヶ浦の先が黒石礁（こくせきしょう）というところだった。ここは名称通り海に突出している岩がまっくろである。伝説によると巨大な蛸がたたかって死んだときの墨でこうなったのだという。

その黒くけわしい岩には、引き汐とともにいくつもの汐溜りができる。とりのこされた小さな魚たちがいた。わたしは手を入れてかれらを追いかけたり、つかまえようとして興奮した。じかに海の魚にさわる。こんなにどきどきすることがあろうか。

引き揚げて来る時、だれも見ていないのをいいことにして、四千トン級のリバティ船の船首によじのぼったことがある。船首は船底よりずっと前にとびだしているから、波をわけて進むのを見るには、のぞきこまなければならない。白波をけたてて進む船首を見ていると、自分は宙に浮いているようで、スリリングだった。あの感覚はいまだになまなましい。

海はいつも壮大で、わたしなんかを相手にしてくれなかったが、いつもひきつけられてあきなかった。石垣島の港でしゃがんで夕日の沈む海とむくむくひろがるオレンジ色の入道雲をながめながら「オリンピア」というビールを飲んだ。わたしのまわりには、全国からの旅人が来ていて、「とうとうここまで来てしまった」なんて呟いていた。オーティス・レディングの「ドックオブベイ」さながらの風景だが、沖縄の夏の空も海もオレンジ色にかがやいていて、ぼくらは永遠の中にいるというような幸福感にとらえられていた。

日本に引揚げて来て、静岡で暮すことになった。高校一年の夏休みには、全員が袖師（そでし）という浜へ行ってフンドシの締めかたから泳ぎまでしこまれた。講習が終るころになると仲間はみんなまっくろなたくましい青年になり、わたしも砂の感覚を足裏でうけるのがこころよくなった。海の匂いってなんてなつかしいんだろう。

当時は商船大学（現東京海洋大学）がとなりの清水にあった。進路をどうするか、というころになると、みなざわついた。音楽大学へいくという者も美術大学へ行くといって美術室にこもっているやつもいた。商船大学もそのひとつで、〈行ければ行きたいんだが…〉という者も幾人かいた。しかし商船は、体力や筋力や度胸のある者でなければ無理である。あこがれだけではどう

商船大学（写真提供：東京海洋大学）

にもならない。わたしのような障害者ははなからだめである。

結局、商船大学に行くことになったのは二人だけだった。一人は機関科、もう一人は航海科だった。

「いいなぁ…」

ぼくらはみんなそういった。ぼくらはふつうの大学を受ける。平凡なコースである。かれらはマストをするする登る海の男になって波風と斗う。それは、ふつうの人生どころではない斗いの道だ。それをかれらは選択した。

羨ましいけれど自分には出来ない。生きていくなかで幾度かそういう思いをするが、これはそのはじまりだった。

（詩人・作家）

海に育まれて

宮崎　緑

横山隆一先生がお元気だった頃、漫画集団の皆さんが集まって楽しく遊ぶ場によくお招きいただいた。鎌倉の先生の御屋敷には庭のプールの横に八重桜があり、晩春に濃いピンクの花を咲かせると、皆で集まって頭上の花々を愛でながらガーデン・パーティをするのが恒例だった。土佐ご出身の先生らしく、自ら初鰹のたたきを作って振る舞うのだが、その時に活躍するのが水戸出身の私の母の納豆だった。藁つとに入った昔ながらの納豆は、藁が廃棄物として山のように出るのだが、これを燃やして鰹を炙ると一段と美味しい、という次第。隆一先生の奥様から「そろそろ持ってきて」と電話が入るとパーティ準備の始まりだった。

隆一先生は生涯、少年の目を持ち続けていらした。花びらが散り敷いて水面がわからなくなったプールに、酩酊した漫画家の先生方が一度ならず落ちるのを、心配しながらも嬉しそうにみていたものだ。鉄道模型に夢中になり、五時から飲酒解禁とルールを決めるとホームバーで時計を睨み、秒読みして乾杯した。八幡宮に龍の絵を奉納した時には、既に飾られているのに、毎日出かけていっては描き足していた。こういう「親分」に率いられて、錚々たる漫画家の皆さんが和気藹々と友情を深める光景には、心暖まるものがあった。

ある時、海釣りに行こうということになった。葉山の町が持っているクルーザーを借りて相模湾に船出した。私は全くの初心者で、餌のグニュグニュした虫をつけるのも気持ち悪く、隣に座っ

葉山町から望む相模湾と富士山

た先生につけていただいては糸を垂らすだけだったのだが、不思議とよく魚がかかった。まさにビギナーズラックである。当の先生は全くかからず、次第に機嫌が悪くなっていく。

その時、向こうの方から、何かの塊がゆっくり近づいてきた。目を凝らすと、何と、鯨だった。焦げ茶色の背中が群れを作って、一、二……数えると十三頭。相模湾内で鯨の群れに遭遇するなど滅多にないこと、と船長さんが興奮している。船をとめ、じっと群れを見送る。船体より大きな体がすれすれの所を通る。万一衝突されたら一溜りもない……漫画家の先生の御一人が写真を撮りながら叫んだ。

「マッコウクジラだ!」

すごい、何でわかったの?と皆がきくと、彼はゆっくり笑って

「真向から近づいてくる」

と言った。

漫画家の会話はどこまで本当でどこまで冗談だかわからないが、笑いが絶えない。早速写真を大手新聞社に送ったのだが、採用されなかった。理由は背景が写っていないので、本当に相模湾か確認できないから、とのこと。確かに、海と鯨と私たちのピースポーズしか写っていなかった。

相模湾や東京湾などで釣りをすると、竿を上げて針先が海上に出るまで、何が釣れたか見えない。魚なのか下駄なのか、根がかりしたと糸を振り切ったらウマズラ特有の引きだった、とか。板子一枚下地獄、という感覚が迫ってくる。

ところが、奄美の美術館館長を拝命して南の海を見たときには驚いた。どこまでも透き通って、底砂の一粒一粒が見えそうな透明度なのだ。船は空中に浮いているように見える。糸を垂らすと二〇メートルも下で魚が餌をパクッと口に入れるのが見え、すかさず引っ張る。竿も浮きもいらない。板子一枚……下にはきっと竜宮城があると思えてくる。

島の暮らしは海とともにある。夏祭りのハイライトは、この海での「舟漕ぎ競争」だ。漕ぎ手六人とかじ取り併せて七人が息をぴったりと合わせ、ブイを回ってUターンし、帰ってくる。これが実は難しい。大回りすると時間をロスするが小回り過ぎてもひっくり返る危険がある。何より、うまく回れず明後日の方向にフラフラと進んでしまう舟もある。岸壁からの声援と冷やかしで楽しく賑やかな競争だ。集落をあげての応援も、チヂンと呼ばれる伝統の太鼓を叩き、手踊りをしながら一致団結して声をあげる。

私の美術館も一チーム出場させることにした。業務が忙しく練習の暇も無いから予選落ちかと思ったところ、見事一回戦を勝ち抜いてしまった。さあ、大変。周辺のシマンチュが大挙してお祝いの酒盛りが始まった。漕ぎ手は良い気分で赤い顔。二回戦では千鳥足でまともに舟に乗ることも能わず、敢え無く最下位。でも、大満足、という昔ながらの何とも微笑ましい行事である。一緒に応援していた第十管区海上保安本部の本部長が羨ましそうにしていたので、お宅も出場したら、と勧めたところ、勇んで翌年の大会に出ることになった。

舟漕ぎ競争大会（写真提供：奄美市）

これで私はシマンチュたちから大いに責められることになる。何しろ、あの海猿である。高校生や職場の同僚、地域の仲間等がほのぼのとチームを組んでいるところにプロ中のプロが登場するのだ。強敵出現。館長のせいで……と優勝候補だったチームが肩を落とすのをみて、海保が気を利かせてくれた。退職して月日の経ったＯＢたちでチームを組み、要のかじ取りは陸の上の事務官にした。これで対等な競争ができる。ほっとした。

相模湾の黒い海と南の島の透き通った海。どちらも心を繋ぐ素敵な仕掛けだ。わが郷土ならではの文化や人情を育んでくれる海を眺めながら、遠く空と交わるかなたの世界に思いを馳せる今日この頃である。

（千葉商科大学教授、鶴岡八幡宮総代）

準備万端・臨機応変

—大きな津波と熱い友情—

棚橋善克

二〇一一年三月一一日、午後二時四六分、これまで経験したこともない大きくながい地震が起きるとまもなく、東北の東海岸を巨大な津波が襲いました。ほどなくして海にいってみると、ヨットハーバーの施設はあとかたもなく、付近は瓦礫の山となっていました。甍を連ねた家々、長大な堤防、人が造ったものはことごとく破壊され流出して、昔の姿を思い出すことさえ困難でした。しかし、碧い海と高い空、流れ行く白い雲、かもめの鳴き声までも、昔と何も変っていませんでした。人の造り出したものの危うさ脆さを痛感するとともに、大自然の悠久さを改めて認識させられました。なぜか猛威をふるった自然に対する怨みの感情ではなく、生きていてよかったという感謝の念がわいてくるのが不思議でした。

一方仙台の街中では、見知らぬひと同士がすれ違うたび、お互いに安否を尋ね合っている光景がよくみられました。ガスも、電気もなく、食料も乏しい。そんななか自分自身も同様に、「どうしていますか?」「大丈夫ですか?」と、相手の様子を気遣う言葉が自然に口をついて出てくるのでした。困難に直面したとき自然にわき起こる助け合いの精神に、ふるきよき日本が感じられ、とても感動したものです。そして人々がいつの間にか活力を取り戻し全力で復興に取り組む姿を見ていると、脆そうに見えた人間の力が自然の力とは別の意味で偉大に見えてくるのでした。叡智、努力という、人間が持つ特性を、みんながそれぞれに活かしていることに感動しました。

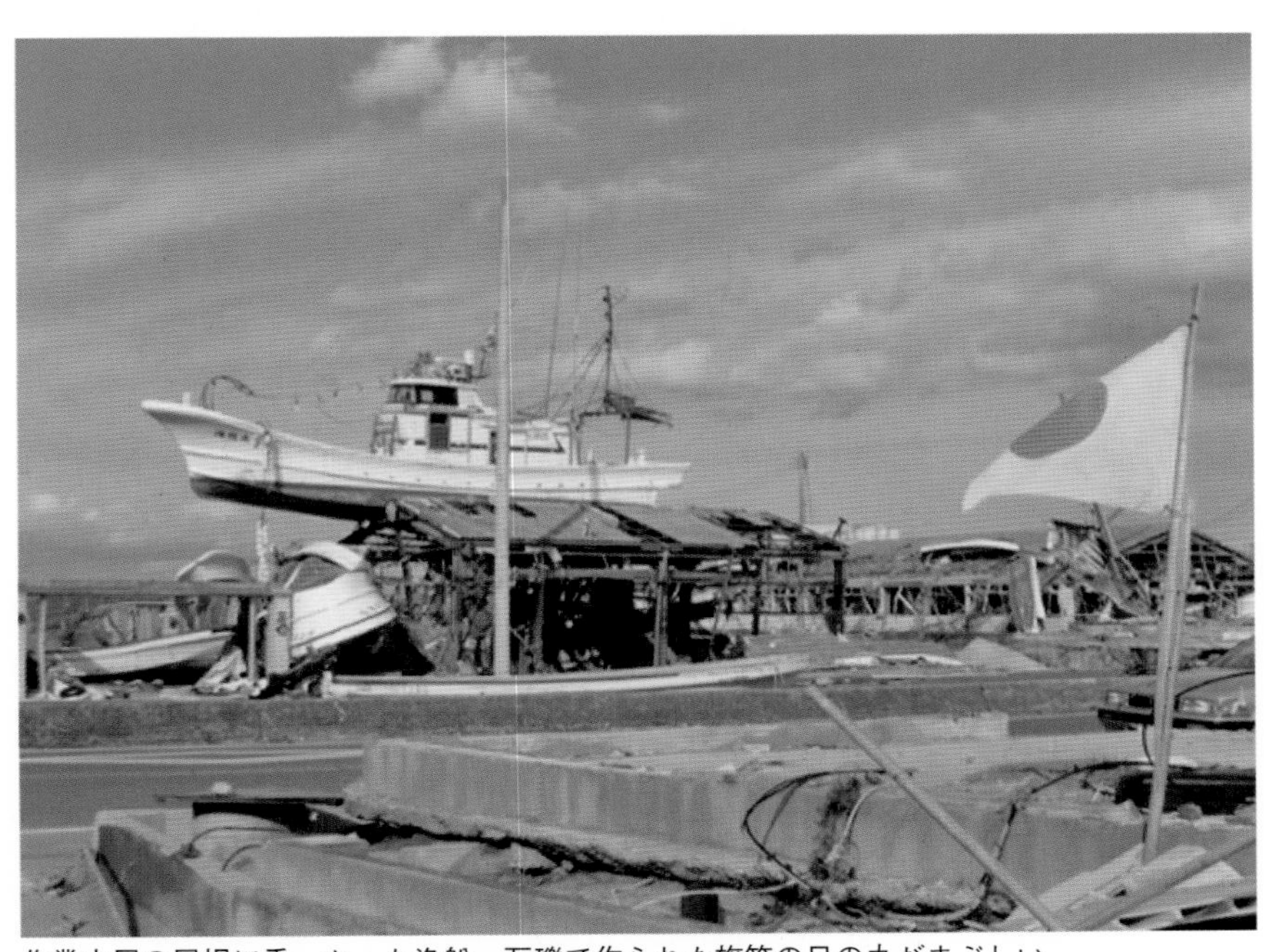
作業小屋の屋根に乗っかった漁船。瓦礫で作られた旗竿の日の丸がまぶしい

そして特筆すべき事は、この大地震の発生時に海に出て練習していた東北大学生のヨットがみな無事に帰港したことです。誰ひとり犠牲者を出さずに。しかしそれは唯々幸運の賜物だったわけではなく、危機に対する周到な準備があったからなのです。学生はその数日前に青森沖を震源とする小さな地震と海面のわずかな上昇が報じられた際、それより大きい地震と津波が来る可能性を考え、安全に避難するためのシミュレーションをしていたといいます。そしてあの日、〝ポッポッ〟と地獄谷のように海面全域が波立ち、また救助艇の船外機が〝ガッガッ〟と、エンストでもするように異常な振動をしたことから地震発生と判断し、ただちに全員帰港の態勢をとりました。海からヨットが着岸したとき、陸上に待機していた部員はラジオで既に津波来襲の情報を得ていました。時間がもったいないので、救助船はポンツーン（浮桟橋）に簡単に舫(もや)っただけ、ヨットはスロープから引き上

げただけで艤装（ぎそう）＊を解かず、直ちに避難を開始しました。まだ風の冷たい三月の初旬でしたが、濡れた着衣のまま避難を開始しました。混雑の予想される道路を避け、かつ津波の遡上する可能性のある大きな川から離れた道、すなわち遠回りにはなるがより安全と思われる迂回ルートを取ったのです。車二台とバイクに分乗した部員たちは、つながりにくい携帯電話ではなく携帯メールでお互いの位置と安否を確認しながら、臨機応変にルートの変更を行いながら逃げたといいます。すばやい対応と、とっさの判断で選んだ避難ルートが的中し、全員怪我ひとつなく退避できたのです。実際に海の上でセーリング中に、津波に遭いながらも無事生還できた世界で唯一の実例であろうと思います。

津波からしばらくして、高速道路（仙台東道路）近くの民家の庭先に東北大学ヨット部の救助艇があるという情報があり、クレーン付きのトラックを借りて引き取りにいきました。救助艇はなんと海岸線から三kmも離れた広い民家の庭先に鎮座していました。結びつけられたままのポンツーンには、東北大学と書かれたライフジャケットと共に、民家の干し物も仲良く並んでいました。早春のやわらかな日差しをあびながら。運び出す前に「いままで庭先を占拠していたことを謝ってきなさい」と、学生の背中を押しました。ややあって、挨拶にいった学生がニコニコしながら帰ってきました。そして、「とっても感謝されてしまいました！」と言うのです。なんと、このお宅のおばあちゃんが散歩中津波に遭い、いっしょに歩いていた友達とともにこの船にしがみついて助かったのだそうです。しかも〝魔法の絨毯〟に乗ったように、自分の庭先で津波が引いて着地したのです。まさに〝救助艇〟そのものという、うそのようなホントの話です。

津波から二ヶ月後の五月はじめ、東北大学ヨット部のある七ヶ浜町のハーバーに、大きな荷物がトラックで運ばれてきました。ブルーのシートには、白い文字であざやかに「九大より」と書

＊ 乗船時に取付ける装備

いてありました。学生たちが慌ただしくロープをほどいてシートをはずすと、おもわず歓声があがりました。なんとシートの下から、四七〇級、スナイプ級、各二艇づつ、綺麗に手入れされたヨットが姿を現したのです。ヨットも救助艇もみな流されてしまった東北大学ヨット部のために、九州大学ヨット部が自分たちの大切な船の一部を譲ってくれたのです。そして、一緒に梱包されていたセールを展開してみると、真白いセールは「まけるな東北、がんばれ東北大」などと、激励の寄せ書きでびっしりと埋まっていました。ひとの心の温かさ、友情のありがたさをつくづく感じた瞬間でした。

　恐ろしい津波の直後なのに、この年の東北大学ヨット部の新入部員は、なぜか例年の二倍にも増えていました。

（東北セーリング連盟会長）

民家の庭先の救助艇。瓦礫の上に鎮座している

九州大学から贈られたレース艇

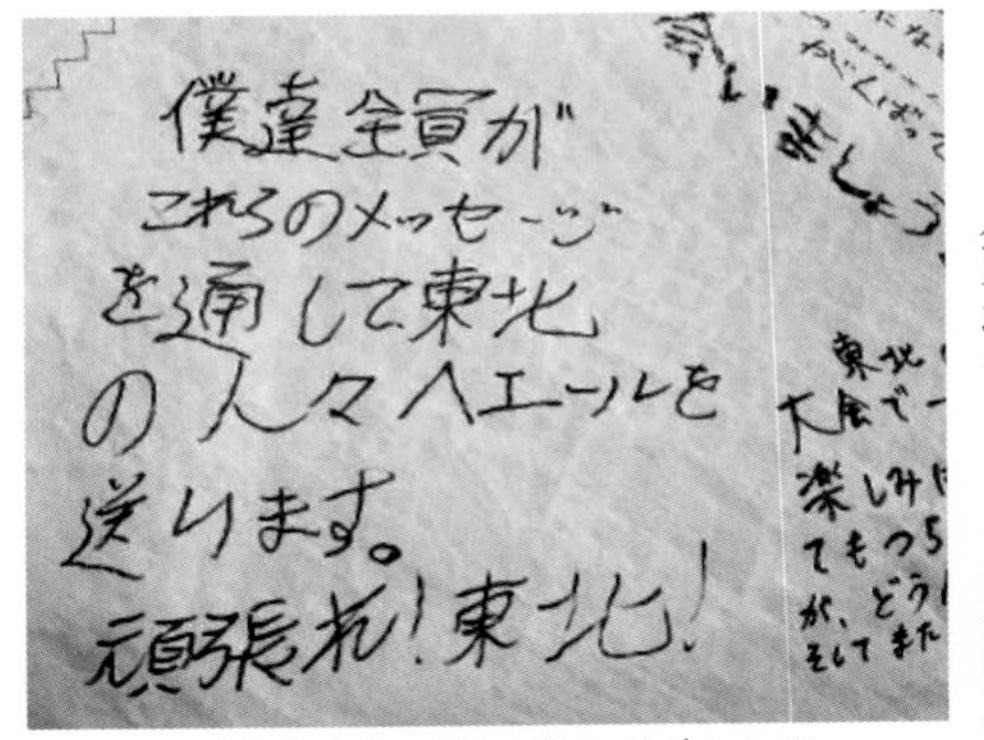

セールにはあたたかい寄せ書きがぎっしり

オホーツク海の鮭漁

文・絵　林家木久扇

TBS系列の、朝ワイド番組〝モーニングジャンボ〟がスタートしたのが一九七一年（昭和四六年）四月、日本テレビの看板番組〝笑点〟のレギュラーの林家木久蔵に又幸運の女神がほゝえみ、私は朝のワイドショーのレギュラー出演者に決まったのだ。当時の各局朝ワイドは乱戦で、フジテレビ「小川宏ショー」、テレビ朝日「奈良和モーニングショー」、NHK「スタジオ一〇二」と強敵がひしめいていた。

私はTBS朝ワイドレポーターのはしりとなり、〝木久蔵の体験レポート〟というコーナーをうけ持って〝オホーツク海の鮭漁〟に突撃した。一九七三年、秋のことである。番組の総合司会者は鈴木治彦氏、宮崎総子氏だった。

知床半島から出漁の鮭漁をおさめるべく、撮影隊のカメラマン、ディレクター、私のおカミさん（妻）も是非見学したいとマネージャー代わりの四人のスタッフで出掛けた。

女満別空港から網走をすぎ、原生花園を通って斜里へ、夕食会があり斜里協同漁業組合主催でルイベ（鮭の刺身）の大皿盛り、石狩鍋、アキアジ（シュンの鮭）の照り焼、生イクラ、うに、ホッケ塩焼き、と目のさめるような御馳走が出て接待をうけた。

あくる朝は早朝三時起き、朝メシをとっといた方がい、よとす、められ生玉子と生タラコ、味噌汁とこれもウマくて…。

鮭漁の様子（写真提供：知床斜里町観光協会）

十月のオホーツク海は朝風が身体を刺すよ！と漁師さんに言われて、私はセーター、ジャンパー等を十三枚着込んだ上に、厚いチョッキに袖を通し、スタッフも重装備。

神棚に手をあわせいざ出発となったら、漁師の頭（まとめ役）と、ディレクターがもめている。

「女は神聖な鮭漁には参加出来ない。海は怒ってシケになるし、サメにでも襲われたらどうする！」という訳だ。

「せっかくこ、まできたんです。わたし絶対漁に行くの！」好奇心いっぱいの妻の決意に、頭を下げっぱなしのディレクターを前にした漁師頭が乗船させてくれることになった。

早朝のオホーツク海は荒れ模様、湾をでるとうすぐらい明け方の海のむこうから、黒いへいみたいなものが近づいてくる。

「あれは何だろう？」

「波だ、波だ、大波だよ！」

カメラマンがさけんで、カメラをかついで笑う。大きくもない漁船は、大波を直角にきって先へすゝむ。ものすごいゆれ！ジェットコースターにのりっ放しみたいなものだ。第一、鮭漁の船にはへりがついていないからつかまるところがない。私、ディレクター、カメラマンは床にふせてはいずりまわる。漁師さん達は定位置にピタリとすわったまんま、微動だにしない。くわえているパイプのタバコの火が明滅するたびに、顔のそこだけがパァーっと赤く明るくなる。私は吐き気を我まんして床にへばりついていると、機関室の中にボーッと白い顔が見えておカミさんが笑っていた。

いつの間にか海がおだやかになっていて、漁場についた。

「キクさん、ほれ、ギンだ、ギンだ！」

朝日に光る鮭の腹、キラリキラリと刃物のようで、あたり一面鮭である。

ギンとは河口にむかう、海との境目あたりの良質の鮭のことで、川をさかのぼり、エネルギーを消耗した鮭はブナというのだと教わった。

カメラをかまえたわきで、ディレクターがマイク片手の私にQを出す。

「みなさん、ここはオホーツク海鮭漁の現場です。ごらんください。ものすごい鮭の群れ！丁度朝日がのぼってきて、鮭が銀色にかゞやいてとてもキレイです。

この漁法は箱建底網といって、四角い型の網の、鮭が川をのぼろうとしている海に向かって正面をひらいておいて中へ招き入れ、フタをしてしまうしかけで、前日網をかけて、朝、漁をするというやり方です……。」

鮭漁の船のへりは板状で、鮭を引上げる網がひっか、らないように突起物が一つもない。床の板をめくれば、船全体が大きなビクになっている。

鮑熨斗（絵：林家木久扇）

「ヤッセ、ソラセ！ヤッセ！ソラセ！」ズラリとへりに並んだ数人の漁師さんと共に、レポーターの私も網をつかみ、鮭をあげる。

いやその網の中の重いこと、大石をみんなで引揚げているようだ。

四隻の漁船で千五百尾の水揚げだったというから大漁だ。私の船の床に大きな鮭がこぼれてゴンゴン！と音をたてる。

テレビの仕事は家でみている程楽じゃない。これだけの時間取材しても編集されて二十八分に縮められてしまうのだもの。

私のおカミさんは終始ニコニコと、ゴム長姿で取材を見守ってくれていた。女は強い！

私の生涯で忘れられない、海の体験となった三十五才の想い出だ。

（落語家）

船旅で知った海の果てしない魅力

文・絵　くぼこまき

子どものころ、私は地球儀が大好きでした。地球儀は地球が丸いことを実感し、世界各国の位置を正確に確認するのに最も適したアイテムです。テレビっ子だった私は「すばらしい世界旅行」や「兼高かおる世界の旅」を楽しみに視聴していました。番組を見たあと私がすることはセルフ脳内世界旅行。地球儀を回して頭の中で空想の旅へ。番組で出てきた場所を探すのです。その後は地球儀をくるくるまわして気まぐれに指で押さえて止める遊びをします。この指で止めた場所は今、この時間どんな感じなんだろう。小さな妄想は広がります。

しかし、だんだん気づきます。適当に回して目を閉じて人差し指で地球儀を押さえるとたいていは海なのです。地球の七割は海。ほとんどが海。今この場所の海はどんな感じなんだろう。電気もない。当然人だっていない。だれもいない。当時の私にとって周囲になにもない世界は考えられませんでした。

海水浴で海に行くことはありましたが、地球儀の上に広がる海とリアルな海の広さの違いを実感することは私には難しかったのです。

それから二十年。地球儀遊びをしていた私は旅行に興味のない大人になっていました。

移動時間が長く、疲れる。旅行から帰ったあとのぐったり感。会社勤めに疲れていた私にとって旅行はさらなる疲労を積み重ねる機会となるだけと考えるようになりました。長期休暇をとっ

ても家でゴロゴロしながらテレビで旅行番組を見る。番組で興味のある場所があればインターネットで検索して詳細に調べることができる。場所に関する知識欲は満たせるわけで、現代に生きる自分にはそれで十分だと思っていました。

ある日の休日。ゴロゴロしながらテレビを見ていた私に飛び込んできた映像。それがクルーズ旅行の番組でした。

クルーズ旅行といえばセレブ御用達の縁遠い世界というイメージ。テレビで見るだけならタダで雰囲気を知ることができると野次馬精神で見始めた番組だったのですが、デッキから見える海の風景に魅了されました。私が子どものときに海水浴で砂浜から見ていたそれとは違うのです。

そして乗客の方々もセレブな雰囲気というよりカジュアルなムードです。クルーズ旅行は海外では旅行の手段としてメジャーなのだということも知りました。

旅行＝疲れるという図式ができあがっていた私ですが、映像を見ているときに感じる不思議な安らぎが忘れられず…。思い切って長期休暇にクルーズ旅行に出かけてみることにしたのでした。初めてのクルーズはシンガポール発着の大型クルーズ船。途中二つの街に寄港する航路です。かつて複数の都市を回る旅は経験したことがあり、疲れ果てて二度と行きたくないと思っていたのですが…。

旅行を終えて戻ってきた私は船旅の世界に夢中になっていました。まず一旦クルーズ船に乗船して、客室で荷解きを済ませてしまえば、あとは下船までそのまま。ホテルごと移動する感覚です。移動時間は寝ていたり船で遊んでいる時間になります。自分の部屋で暮らしながら旅ができる感覚、というのは私にとって驚きでした。クルーズ船のホスピタリティに加え、豪華な船内施設。移動時間もまったく飽きること無く過ごせている驚き…。

そして私にとって小さなときの想いが叶った瞬間でもありました。出航して陸地から離れ…デッキに出れば周囲に海しか見えない空間に存在することができたのです。子どものときに地球儀上でイメージした三六〇度広がる海は想像以上に広い。

水平線はゆったりとした曲線を描いていて地球が丸いことを実感させます。自分が小さな存在であること、そんな小さい私が抱えている悩みや問題はこの広い海の上だと非常にちっぽけなものだと感じ、心がかつてないほど解放されているのを感じました。

夜のデッキは更に魅力的です。空はこぼれんばかりの星空。周囲には漆黒の海面が広がっています。船が海をかき分けるザーっという音を聞きながら、真っ暗な空間に佇んでいるといつまでも眺めていたくなる吸い込まれるような不思議な魅力を感じます。

飛行機で行けば目的地まですぐに着きますが、海を渡るという行動は旅情を強く掻き立てます。だんだんと陸地が見えてくると、昔の探検者のような気持ちにもなります。

海は荒れるときもあります。それもすべて地球のうねりに身を任せているような…現代の社会生活と無関係の世界。同じ景色が続くように見えますが、一秒たりとも同じ表情を見せないのです。実際に海上にいないとわからない感覚です。

子どもの頃は地球儀の海を眺めて誰もいない海を想像していた私でしたが、実際の海の魅力は想像では追いつかないものでした。目で見る風景・波が当たる音・潮の薫り。

地球上の七割を占めるのに飛行機では行くことができない、船上でしか体験できない場所。それが海。

海と船に魅せられ…この後クルーズ旅行は私にとって最高の空間に出会う機会となり、多くの人に海と船の魅力を伝える仕事もするようになりました。人生を変えてくれたと言っても過言ではありません。

（漫画家・クルーズライター）

大航海時代をたどる

フランシスコ・シャヴィエル・エステヴェス

「ここに陸尽き、海始まる」とは、ヨーロッパ最西端に位置するポルトガルのロカ岬に建つ碑に刻まれた、十六世紀の詩人、ルイス・デ・カモンイスの詩より引用した句です。その地に佇めば、視界いっぱいに広がる大西洋を目の前にして、この句が意味なすことを、身をもって感じずにはいられません。

「塩からい海よ お前の塩のなんと多くが ポルトガルの涙であることか」。そして、こちらは、カモンイスと並び、国民的詩人と称されるフェルナンド・ペソアの詩からの引用です（『ポルトガルの海』池上岑夫訳・彩流社）。

十五～十六世紀の大航海時代、ポルトガルでは、多くの男たちが、いつ帰るとも知らぬ冒険へと海に乗り出していき、彼らを見送り、その帰りを待つ人々は海を見て涙をし、祈りを捧げたのです。「サウダーデ」という、失われたものや人を慕わしく思い、今一度取り戻したいという感情をひと言で表すこの言葉は、ポルトガルの国民性を表しているとすら言われています。この言葉もまた海から生まれた、と言っても誇張ではないでしょう。

ポルトガルを語る時、史実のみならず、文学、音楽、料理、風習、あらゆる面において、海は大きな役割を果たしているのです。

さて、私個人のお話をいたしますと、身内に船舶に関わる仕事をしていた人間がいたこともあ

り、やはり、海はとても身近なものでありました。また、外交官として多くの国に赴任しましたが、中でも、ブラジル、モザンビーク、アンゴラ、モロッコと、大航海時代のポルトガル人たちの足跡が強く感じられる国々は、やはり、思い入れが深い場所でもあります。そして、ポルトガルの航海者たちと同じように、私もまた、さまざまな国々を経たあと、二〇一五年に日本に着任いたしました。

一五四三年に種子島にやってきたポルトガル人は、それから次々に九州へとやってきて、日本人との盛んな交流が始まりました。海の向こうからやってきた「南蛮人」を、日本人は大いなる好奇心をもって迎え、彼らがもたらす品々も、文化も、積極的に取り入れました。多くのポルトガル語が「外来語」として日本語になり、今でも普段の

リスボンのテージョ川の河口にある「発見の記念碑」。記念碑正面の石畳には世界地図のモザイクがあり、ポルトガル人が世界の国々を発見した年が刻まれている

ユーラシア大陸の最西端にあるロカ岬の碑

生活で使われているのを、時おり耳にするのは楽しいものでした（パン、コップ、天ぷら、カステラなど）。なかでも、関西方面でよく食されるという、「ばってら」という鮨の名の語源が、ポルトガル語で「小舟」を意味する〝bateira〟だと知った時にはたいへん驚きました。海からやってくるポルトガル人が、いかに頻繁に「小舟、バッテイラ（bateira）」と口にしており、日本人にもなじみ深い言葉となっていたのだろうと、興味深く思ったものです。

私は、駐日ポルトガル大使として、ほぼ七年にわたった長い赴任期間を終えて、昨秋帰国いたしました。在任中には、日本国内のさまざまな土地を訪れましたが、やはり、時おり、その土地の海辺を通る機会もありました。日本もまた、ポルトガルと同様、海を近く感じつつ暮らす人が多い国であることも実感いたしました。そしてまた、日本の太陽は海から昇るのだ、ということにあらためて気づかされました。初日の出を海辺で拝み、年の初めにさまざまな祈願を捧げると

ベレンの塔。16 世紀前半、テージョ川の河口付近につくられた。航海から戻った当時の船乗りたちは、船上からこの塔を目にして安堵と感謝の念を覚えた

知り、なるほどと思いました。ポルトガルでは、海は、太陽が沈んでいく場所なのです。広大な大西洋に抱かれて、太陽は一日の役割を終えて眠りにつきます。ポルトガルの首都、リスボンは「七つの丘を持つ」と言われる通り、起伏が激しいのですが、その代わりに見晴らしのよい場所もたくさん点在します。大西洋へと流れ込むテージョ河口を真っ赤に染める日没の美しさは、言葉では表しがたいほどです。今、夕刻に赤く染まる海を見ながら、朝日を受けて輝いていた海のことを、懐かしい「サウダーデ」の心を持って、思い出しています。

（前駐日ポルトガル大使）

二〇一五年一月着任
二〇二一年十月離任

沈んだ船が教えてくれたこと　ペールエリック・ヘーグベリ

スウェーデンの首都ストックホルムの中心の水辺にヴァーサ号博物館があります。この博物館には一九六一年に海底から引き揚げられた壮大な軍艦ヴァーサ号があり、スウェーデンで必見の博物館の一つです。ヴァーサ号は、一六二八年に処女航海直後のストックホルム港で転覆し沈没したので、海軍での就役は果たせませんでした。海底で三百三十三年眠った後、強大な軍艦は回収され、博物館で造船の歴史を語る航海を続けています。今日、ヴァーサ号は世界で最も保存状態の良い十七世紀の船であり、ヴァーサ号博物館は北欧で最も訪問者の多い博物館です。

ヴァーサ号はそのような恥ずかしい方法で終わりましたが、スウェーデンの歴史の中で建造面と軍事面の両面における最大の失敗のために博物館を作ったことは注目に値すると思うかもしれません。これはスウェーデンの素晴らしい美徳だと思います。このような失敗を受け入れて分析することによってのみ、スキルとパフォーマンスを向上させることができます。ヴァーサ号は失敗に終わりましたが、新しい条件とニーズに適応して、創造的な造船と職人技の長い伝統に基づいて建造されました。実際、この伝統はヴァイキングから始まったと言えるでしょう。

ヴァイキング時代は北欧の先史時代の終わりと一致し、西暦一〇五〇年まで約二百五十年間続きました。ヴァイキングは、主に彼らが独創的に設計した船で長い航海をしたことで有名になりました。これらの船で、四つの大陸を訪れました。西ヨーロッパの海岸と川に沿って地中海に航海し、北アフリカの海岸に上陸しました。彼らは襲撃者や時には征服者として恐れられていましたが、勇敢な冒険家や商人としても尊敬されていました。シェトランド諸島とオークニー諸島に定住した人々もいれば、大西洋を渡ってアイスランド、グリーンランド、カナダに行き、アメリカの海岸に沿ってさらに南へと向かった人々もいました。

今日のスウェーデンに居住していたヴァイキングは、主に東を旅しました。そこで彼らはルーシ族と呼ばれましたが、おそらくスウェーデン東部の地域であるロスラーゲンにちなんだ言葉で、ロシアの語源となったと思われています。早くも八世紀には、北方の人々は、現在のロシアからカスピ海と黒海、そしてアジアのバグダッドに至る水路の交易所に対する支配権を確立しました。ルーシ族は主に商人でしたが、コンスタンティノープル（イスタンブール）で傭兵を務める人々も数多くいました。

ストックホルム

商人、文化的仲介者、そしてインスピレーションの源として、ヴァイキングの北欧とヨーロッパの歴史への貢献はかけがえのないものでした。そして、千年前のヴァイキングのように、スウェーデン人は外向的で好奇心旺盛であり続けていると言っても過言ではありません。さらに、二百年以上のスウェーデンの歴史は、平和であることがはるかに実り多いものであることを私たちに教えてくれました。

（駐日スウェーデン大使）

The Power and the Glory

ストックホルムの特設博物館のヴァーサ号。高さ 52 メートル、長さ 69 メートル、重量 1200 トン。ほぼ原型を留めたまま残され、何百もの彫刻が施されている © Ola Ericson/imagebank.sweden.se

心と心を繋ぐエルトゥールル号伝来のもの

ハサン・ムラット・メルジャン

海は大陸を分け隔てる存在ながら、トルコと日本間においては、心と心を結ぶ道であり、遠く離れて暮らす両国民が互いに親近感を抱く上で欠かせない存在だ。

「ここ樫野崎の前に広がる海は皆様がたどられた航路を通じて皆様の祖国と繋がっております。そして尊い犠牲の上に築きあげられた道は様々な形で今も両国民を友人として出会わせ、心と心を繋ぐ紐帯として役割を果たし続けております。」

これは、親友である田嶋勝正串本町長が、エルトゥールル号海難百二十五周年記念式典でエルトゥールル号殉難将兵の御霊に向かって発したお言葉から引用したものだ。海がアジア大陸の両端に位置する両国民の心を結ぶ絆であることを感じ取れる言葉だ。今から百三十年前に起きた海難事故でトルコと日本の国民間に真の友情が生まれたのだ。

ご存知の通り、明治時代は日本史上最も重要な構造改革の時代でもあった。明治天皇は、十九世紀後半に拡大しつつあった西洋諸国による植民地化に直面し、日本の地位と国益を守るため、行政、財政、産業、軍事各面において抜本的な改革を進めた。

改革の内容を決める過程で、一八七一年に岩倉使節団が視察、調査のため西欧諸国に派遣された。二年から三年をかけて、米、英、仏、露等で調査を行った使節団の一部が、オスマン帝国、エジプトやイランに至るまで調査をし報告書を作成した。一八七一年、福地源一郎率いる数名は、

オスマン帝国海軍のエルトゥールル号　© public domain

イスタンブルにて、オスマン帝国の国家構造、および社会構造について調査をし、皇族や軍関係者と面談した。福地の報告を受けた寺島宗則外務卿が三条実美（さねとみ）太政大臣にオスマン帝国との国交樹立を促した結果、一八七五年に両国の在英大使による協議が開始された。

また、一八七八年十一月九日、大日本帝国海軍の軍艦「清輝」がヨーロッパ遠征の末にイスタンブルへ寄港し、その後十一日に亘り碇泊した。

両国の関係構築の中で一つの転換点となったのは、一八八七年、天皇の伯父にあたる小松宮彰仁親王殿下がヨーロッパ視察旅行の帰途にイスタンブルを訪問したことだった。小松宮彰仁親王殿下がスルタン・アブドゥルハミッド二世に謁見した。その際の厚遇に感謝し、翌年、明治天皇からスルタンに親書と勲章が贈られた。

一八八九年、スルタンは答礼と、協議中であった国交樹立への関心を積極的に示す目的で、明治天皇へ親書と勲章を奉呈すべく、オスマン帝国海軍の軍艦で日本に特使を派遣することを決めた。

この遠征のために選ばれたのは、一八六四年にイスタンブルの造船所で作られた二三四四トン、六〇〇馬力出力の

二段膨脹式レシプロ機関を搭載した平甲板(へいかんぱん)型船体に、三本の帆走用マストが立つ装甲フリゲート

エルトゥールル号だった。特使としてオスマン・パシャが使節団長に、そしてアリ・ベイが船長に決まった。

エルトゥールル号は、一八八九年七月十四日、将兵六百五十名を乗せてイスタンブルを出港した。出港早々、スエズ運河通過中に故障し、その後も約十一ヶ月に亘る航海で数々の困難に直面しながらも、一八九〇年六月七日、横浜港に入港した。同十三日にオスマン・パシャが明治天皇を謁見し、アブドゥルハミッド二世からの親書とアーリ・イミティヤズ勲章を奉呈した。厚遇を受けながら任務を果たした使節団は帰国の準備に入ったが、乗員が当時極東で拡大していたコレラに感染するなどのトラブルもあって、ようやく九月十五日に横浜を出港、帰路についた。しかし出港して間もなく、紀伊大島沖合で台風に遭遇したエルトゥールル号は、九月十六日に樫野崎に連なる岩礁に激突し、浸水したことによる機関部内の水蒸気爆発後、沈没した。オスマン・パシャをはじめ五百名以上の将兵が犠牲となる海難事故だった。串本・大島の住民の献身的な救出活動の結果、六十九名の命が助けられた。

百三十年前に起きたこの海難事故は、歴史に痛ましい出来事として残った一方で、犠牲となった殉難将兵の想いや、遭難者を救助し献身的に看護した串本の人々の真心と寛大さも記憶に刻まれ、日本とトルコの絆の礎として、これまで忘れることなく大切にされてきた出来事であることも特筆すべき点である。串本町とエルトゥールル号は今でもトルコと日本を結ぶ絆を意味し、両国の友好の象徴である。地元の住民は、危険を顧みず命がけで遭難者を救助し、持っていた僅かな食料も全て怪我人のために使った。日本政府は、生存者の神戸における治療と帰国のために最大限の支援をした上で、帝国海軍の軍艦「比叡」と「金剛」の二隻で彼らを祖国に送り届けた。

また、全国で義援金が集められ、犠牲者の遺族に送り届けられた。

一八九一年の一月、生存者を乗せた比叡と金剛がイスタンブルに到着し、大歓迎を受けた。皇帝に謁見し、明治天皇の親書と贈り物を奉呈した将校達にはメジディ勲章二等が与えられ、イスタンブルに滞在期間の四十日間は宿舎としてドルマバフチェ宮殿が使われた。アブドゥルハミッド二世は明治天皇への答礼品として二頭のアラブ馬を贈った。

紀伊大島トルコ記念館の直下の海岸。中央の岩礁にエルトゥールル号が乗り上げ座礁した

義援金を届けにトルコに渡り、歓待を受け、そのままイスタンブルに定住することになった山田寅次郎も両国の友好促進に尽力した。

また、遭難者が最初に助けを求めに来た場所でもあり、また最初の治療が行われた場所でもある樫野崎灯台の約三〇〇m南東に、一八九一年、犠牲者への慰霊碑と、事故の内容が記された石碑が建立された。一九三七年に建てられた現存の慰霊碑は、大島の学校の児童たちによる清掃なども行われ、常に綺麗に保たれている。この大切な場所で毎年九月十六日には追悼式典が、五年毎の六月三日には両国海軍の参加の下、陸上および海上で大規模な式典が執り行われ、尊い絆の意義を再認識する機会となっている。

当時の日本人の勇敢な姿勢がトルコの人々の心に刻まれ、紡がれ、今日の親日感情に繋がっている。日本とトルコ間の友好関係の特異性はこれである。すなわち、国交が樹立する一九二四年より遥か昔に両国民が友情の絆で結ばれていたという点だ。国民間の友情で支えられる国家間の友好は、代々真心で育まれてきた。殉難将兵と寛大な串本町民たちの御霊が見守る、世界に類のない特別で貴重な絆だ。その絆の名は今も「串本・エルトゥールル」だと言えよう。

日土友情の百三十周年の節目となる二〇二〇年にも大規模な追悼式典、記念事業に向けて準備をしてきたが、新型感染症拡大の影響で残念ながら開催することが叶わなかった。祖先達の想いを胸に、友情の絆をさらに強固なものにすべく、次世代への伝承と惜しみない努力を重ねていかなければならない。百三十周年の記念事業はできなかったが、百二十五周年の式典の際に田嶋町長が発せられた言葉の中で、心から賛同しているこのフレーズで締めくくりたい。

トルコ軍艦遭難慰霊碑

「—勇敢なるエルトゥールル号の将兵たちへ—
あなたたちは今も両国の親善使節としての役割を果たし続けています。我々はあなたたちが命を賭して果たされた責務を受け継ぎ未来へと繋げていくことをここにお誓い申し上げます。」

(駐日トルコ大使)
二〇一七年十一月着任
二〇二一年二月離任
二〇二〇年十二月寄稿

海の講座

歴史・文学・美術・偉人伝

二　海と船の歴史

木原知己

わたしたち現生人類（ホモ・サピエンス）は、人類で初めて舟を移動のための道具とした。葦舟、竹舟、筏や丸木舟などをつくり、安定性や推進力を高めることで冒険や探検、交易に乗り出し、各地に文化を根付かせ、社会を形成していった。舟（船）の舞台は母なる海であり、海はこれからも母であり続ける。

〝汚れた雪だるま〟とも呼ばれる彗星、マグマの海の火山がもたらしたガスや水蒸気が地球の引力によって地表に留まり、凝縮されたのち冷やされて雨水となり、原始地球に「海」が形成された。いまから四十一億年ほど前のことである。地球誕生から現在までを一年とする地球カレンダーでいえば二月九日にあたるその日から、海は生命を産み、育むという〝母〟の役を演じ続けてきている。

わたしたち現生人類（ホモ・サピエンス）が地球に誕生したのはいまから二十万年前であり、地球カレンダーでいえば大晦日の午後十一時三十七分に過ぎない。氷期のために食料の確保が至難となり、偶然たどり着いた海で見つけた貝類でどうにか糊口をしのぐことができた。アフリカ単一起源説によれば、いまから七万年から六万年前、彼らの一部がアフリカを出たとされている。ヨーロッパに向かったコーカソイド、アジアに向かったモンゴロイドであり、ホモ・

[図1] 紀元前2800年ごろに建造されたエジプトの船
アティリオ・クカーリ＝エンツォ・アンジェルッチ共著堀元美訳『船の歴史事典』原書房（1997年）18頁

[図2] 紀元前２世紀ごろのフェニキアの貨物船
アティリオ・クカーリ＝エンツォ・アンジェルッチ共著堀元美訳『船の歴史事典』原書房（1997年）22頁

［図3］ヴァイキング船（オーセベリ船）
アティリオ・クカーリ＝エンツォ・
アンジェルッチ共著堀元美訳
『船の歴史事典』原書房（1997年）43頁

エレクトゥス（直立するヒト）に次ぐ、人類にとっては二回目となる出アフリカだった。

東南アジアの突端に至ったモンゴロイドの眼前に、広い海が広がっていた。当時の東南アジア島嶼部の多くはスンダランドと呼ばれる大陸で、ニューギニア、オーストラリア、タスマニアなどから成るサフルランドはスンダランドから八〇キロメートルほどしか離れていなかった。サフルランドを視界にとらえたモンゴロイドは木片が海に浮かぶ様子から「舟（船）」の原理を知り、発達した脳をフル回転して海をわたることを考えた。脳が発達したことで、冒険、探検へと向かう初期の〝心〟を抱いたのかもしれない。葦舟、竹舟、丸太を束ねた筏などをつくったが、いずれも海流や波の抵抗のためにうまくいかなかった。試行錯誤を重ねた末に石斧で丸太を刳り抜いて丸木舟（刳り舟）をつくり、かくして、ホモ・サピエンスは舟を移動のための道具とする最初の人類となった。

［図4］村上海賊小早船の復元船
今治市村上海賊ミュージアム提供

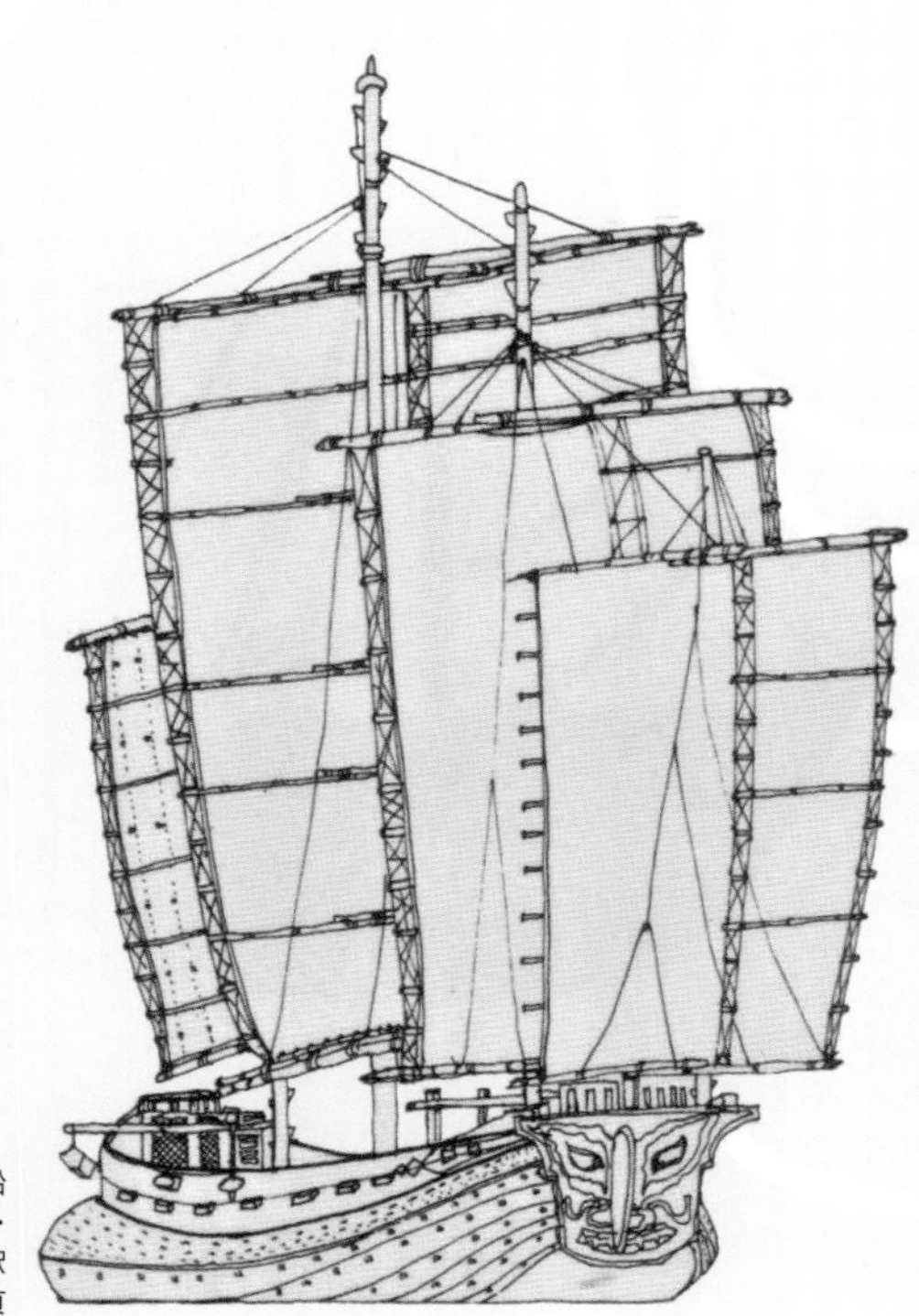

［図5］中国のジャンク船
アティリオ・クカーリ＝エンツォ・
アンジェルッチ共著堀元美訳
『船の歴史事典』原書房（1997年）52頁

二〇一九年七月、国立科学博物館のチームが「三万年前の航海——徹底再現プロジェクト」なる壮大な実証実験を行った。いまから三千万年前に大陸から分離を始め、引張期（いまから一千万年前まで）、静穏期（いまから三百万年前まで）、太平洋プレートがユーラシアプレートに潜り込む圧縮期を経て日本海を〝内海〟とする弧状の火山列島が誕生したと考えられているが、この列島にいまから三万八千年から二万五千年前、モンゴロイドの一群が大型動物を追って移動してきた。朝鮮ルート・ユーラシアルート・台湾ルートが考えられているが、先のプロジェクトは台湾ルートの可能性を検証しようとするものだった。男性四名、女性一名を乗せた丸木舟が、台湾から沖縄県与那国島までの二二五キロメートルの航海に成功した。当時は星や太陽に頼るほかなかったために多くの命が海の藻屑と消えたと思われ——双胴の丸木舟が用いられた形跡はない——、三万年前の祖先たちの勇気には脱帽するしかない。

ホモ・サピエンスの心に、海が深く浸潤していった。心は過去の経験や記憶が時の流れのなかで熟成することで形成される〝個性〟であり、わたしたちの心に浸潤することで、海は明日への希望、勇気や感動をわたしたちに与えてくれる。津波、遭難事故、別離や散華、覚悟の移民、流刑による移民、からゆきさんのような詐欺まがいの移民の舞台になるという負の面もないではないが、それでも、海は冒険心や探検心をさまざまに織りなし、たとえば、アレクサンドロス大王はガラス製の潜水鐘を使い、レオナルド・ダ・ヴィンチは潜水のための斬新なデザインを作成し、漁村にあった奉公先の窓から眺める海の景色に魅了されたジェームズ・クックは生涯を通じて三回も太平洋を横断し、ジャック・マイヨールは五十歳を過ぎて一〇〇メートル超の素潜りに挑んだ。冒険や探検によって未知でなくなれば、海は「船」を道具とする移動や交

[図6] カラック船（サンタ・マリア号）
アティリオ・クカーリ＝エンツォ・アンジェルッチ共著堀元美訳『船の歴史事典』原書房（1997年）75頁

[図7] コロンブス船隊のカラヴェル船
アティリオ・クカーリ＝エンツォ・アンジェルッチ共著堀元美訳『船の歴史事典』原書房（1997年）74頁

［図8］スペインのガレオン船
アティリオ・クカーリ＝エンツォ・アンジェルッチ共著堀元美訳『船の歴史事典』原書房（1997年）69頁

易の場となり、物や人が動けばそれぞれの地で文化が生まれ、社会そして国が形づくられる。海や船の歴史は人類史そのものであり、怪異的な中世のイスラム海賊や村上海賊、現代の海賊もそうした文化や社会のひとつの側面と言っていい。

船は海が織りなすサイエンスに裏付けられた視覚・造形芸術作品であり、自ずと風土性と歴史性をはらんでいる。いまから七千五百年前の丸木舟が千葉県市川市の雷下（かみなりした）遺跡から出土したことから、縄文時代にはすでに漁や運搬のために舟が使われていたことがわかる。いまから六千年ほど前、東南アジアに居ついたモンゴロイドのなかに、当時は陸続きだったいまの台湾あたりの海域から南洋へと船出する一団があった。船体を安定させるための浮材（アウトリガー）や三角帆が開発され、双胴型のカヌー（ダブル・

[図9] 外輪船アレクトー号（上）対［図10］スクリュー船ラットラー号（下）
アティリオ・クカーリ＝エンツォ・アンジェルッチ共著堀元美訳『船の歴史事典』原書房（1997年）126頁

カヌー）まで登場した。東京オリンピック（東京２０２０）サーフィン競技で銀メダルを獲得した五十嵐カノア選手のカノアはハワイ語で〝自由〟を意味するとのことだが、カリブ海発祥のカノア(canoa)を原語とするカヌーが大海をゆく姿から自由が連想されたとすればじつにおもしろい。羅針盤などない時代、自由を求める冒険者たちは、星の位置や島々にかかる雲の形状、潮の目、鳥の習性などに拠って航海した。いまから約三千五百年前にトンガ諸島やサモア諸島、約二千五百年前にはタヒチ島が属するソシエテ諸島、約二千年前にはハワイ諸島、そして約千年前にニュージーランド、約九百年前にイースター島に到達し、いまのメラネシア（古代ギリシア語で「黒い島々」）、ミクロネシア（同じく「小さな島々」）、ポリネシア（同じく「多くの島々」）の生態系、文化圏がそれぞれに築かれていった。その影響は海流によってわが国にまで及び、『古事記』などにその痕跡を残している。

モンゴロイドが南洋に船出したのちの紀元前二五〇〇年ごろ、パピルスの舟が行き交うエジプトで「太陽の船（クフ王の船）」と呼ばれる櫂(かい)船がつくられた（［図1］参照）。主な材質は杉で、船体は両端が尖った流麗な曲線をしていた。人類最初の海上交易民とされるフェニキア商人の船（［図2］参照）は交易品でもあったレバノン杉でつくられ、一本マストに大きな横帆という構造だった。バイレム（二段櫂船）と呼ばれる軍用船も活躍した。紀元前七世紀の終わりごろ、アラビア海を出たのちアフリカ大陸を一周しエジプトに帰ったフェニキアの民もいたという。八世紀後半から十一世紀前半にかけてのヴァイキングも偉大な航海者だった。彼らの船（［図3］参照）には〝背骨〟（竜骨(りゅうこつ)）があり、オーク材の外板を重ね張りする鎧張りの船体に甲板や船室はなかった。キリスト教、イスラム教が対立する中世のヨーロッパ地中海を制したイスラ

［図11］明治丸（東京海洋大学越中島キャンパス）筆者撮影

ム海賊の船は、推進用の櫂と三角帆を備える小型の軍用船（ガレー船）だった――ちなみに、［図4］は村上海賊小早船を復元したもの――。宋時代の中国では割竹が横方向に幾本も挿入されたジャンク船（［図5］参照）が開発され――のちに種子島に鉄砲を伝えた船もジャンク船だった――、インド洋を大きな低い三角帆を張ったアラビアの帆船（ダウ船）が行き交った。海洋都市国家ヴェネツィアの商人たちは遠洋航海用の帆船（カラック船）を縦横無尽に操り、「自国海運は自国で守る」とばかりにガレー船隊が彼らをイスラムの海賊から守った。クリストファー・コロンブスが新大陸発見のときに乗ったサンタ・マリア号（［図6］参照）もカラック船だった。同時期、地中海海域では小回りのきく小型帆船（カラヴェル船、〈図7〉参照））が活躍し、大航海時代、カラヴェル船やカラック船は大型帆船の典型で

[図12] 海王丸（富山県射水市）筆者撮影

[図13] 日本丸（横浜市）筆者撮影

あるガレオン船（〔図8〕参照）にとってかわられた。十九世紀には蒸気船が開発され、その推進力も外輪式からスクリュー式へと移り変わっていった。一八四五年四月の、外輪船アレクトー号対スクリュー船ラットラー号（ともに二百馬力、〈〔図9〕〔図10〕参照〉）の洋上綱引きはことに有名である。同世紀後半になると、カティ・サーク号（スコットランド語で「短いシュミーズ」）が中国の茶を欧州に運ぶ快速帆船（ティー・クリッパー）として活躍する一方で、帆船はその歴史的使命を終えた。蒸気船からマストが姿を消し、その蒸気船にしても、二十世紀には燃料が石炭から重油にかわった。速力が向上し、利用可能な船内空間が増えるなど、全体的にふっくらとした大きな船影にかわった。世は大型豪華客船が躍動する時代となり、豪華客船の合目的性を追求するシンプルなデザインは多くの建築家、たとえばル・コルビュジエを大いに魅了した。

現在、東京海洋大学越中島キャンパスに「海の日」制定の因となった明治丸（〔図11〕参照）が保存され、富山県射水（いみず）市では海王丸（〔図12〕参照）、横浜市では日本丸（〔図13〕参照）といった優麗な帆船を見ることもできる。多くの人が海の芸術作品を実際に目にして海への憧憬の念を抱き、日々の暮らしを支える商船隊に思いを馳せ、海の仕事に就く若者が増えることを心から願っている。以上、小論にしては大きなテーマを扱ってきたが、本稿を終えるにあたり、水中文化遺産保護条約で百年以上海中にある人類遺産と概ね定義される水中文化遺産がわが国近海にいまも数多く眠っているであろうことも追記しておきたい。

（早稲田大学大学院非常勤講師）

海と文学

田村朗

海や船はむかしから歌にうたわれ、また物語の舞台になってきた。

奈良時代にまとめられた日本で最も古い歌集「万葉集」には、たとえば、「住吉の得名津に立ちて見渡せば武庫の泊ゆ出づる船人」（高市連黒人の歌）とあるし、アラビア地方に伝えられた物語集の「船乗りシンドバッドの話」は、現実の体験談とファンタジーが織りなす冒険物語としてよく知られる。

海や船とともに生きた人たちのドラマ、海や船の魅力が描かれた「文学」作品の【あらすじ（概略）】等を紹介する。

不思議な世界に渡航する冒険ファンタジー

『ガリバー旅行記』

ジョナサン・スウィフト

一六六七～一七四五。アイルランド（イギリス）・ダブリン生まれの風刺作家、司祭。政治的な野心があってトーリー党（貴族や聖職者の支持を得た）で重要な役割を果たしたが、トーリー党の政権が倒れると故郷に戻って司祭になった。『ガリバー旅行記』のほか『桶物語』『虚構なる提案』などの作品が知られる。肖像画がアイルランドの紙幣に使われていたこともある。

【あらすじ】

ロンドンの開業医ガリバーは、医院の経営がうまくいかなかったので、ふたたび船医として働きはじめることにした。

インドへの航海中、嵐のために船は転覆、陸地をめざして泳ぎ、岸にはたどり着いたものの疲れはてて寝てしまう。目が覚めて起き上がろうとしたが、体はひもでしばられており動かすことができなかった。周りは身長十五センチほどの小人たちに取り囲まれていた。

『ガリヴァ旅行記』
訳：中野好夫
（新潮文庫）

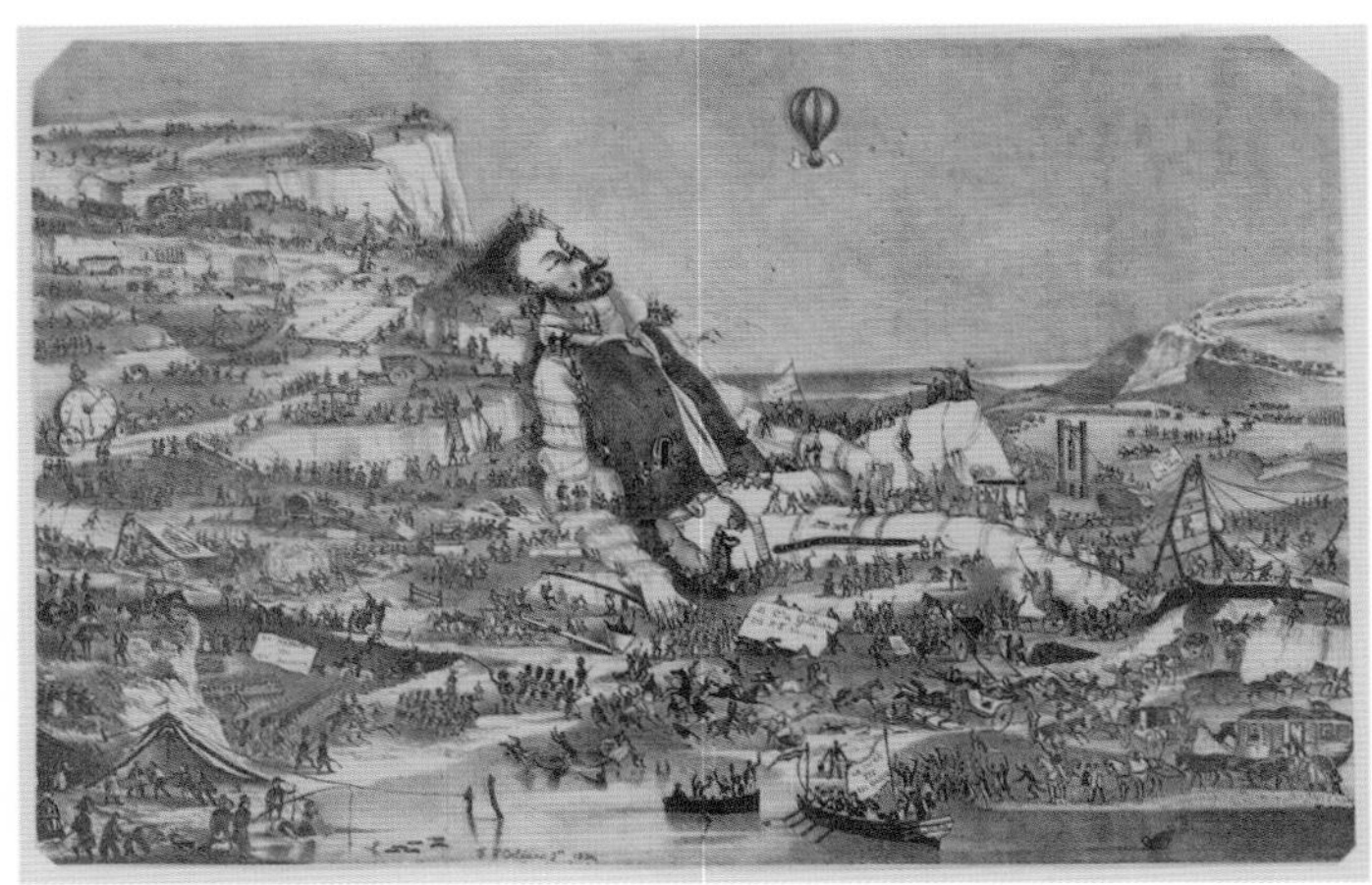

リリパットの海岸にうちあげられ気絶しているところを軍隊によって縛り上げられたガリバー

巨人の国ブロブディンナグの農夫に見世物にされるガリバー

ガリバーは小人の国リリパットで歓待される。敵国ブレフスキュが攻めてきたときには、恩返しに五十隻の艦隊をカギ縄でつかまえて、リリパットまでひっぱってきた。皇帝は敵国を支配しようとしたが、ガリバーは、そんなことはやめるように忠告。皇帝の意にさからったことでガリバーに悪意を抱く高官もあらわれて、身の危険を感じたガリバーは壊れていたボートを修理し小人の国からの脱出を図る。そして、無事、イギリスに帰る。

しかし、しばらくすると、ガリバーは家族に別れを告げて、また新たな航海に旅立っていく。

伝説と化した鯨に挑戦した義足の船長の執念

『白鯨』

ハーマン・メルヴィル

一八一九〜一八九一。アメリカの小説家。ニューヨーク生まれ。生活が苦しく、捕鯨船に乗り南洋の島々を放浪。海洋小説を書き始め、一八五一年に『白鯨』を発表。その後、関税検査係をしながら執筆。没後三十年たって再評価され、アメリカを代表する作家のひとりに。他に『ビリー＝バッド』などの作品がある。

『白鯨』原書（1892年刊）のイラスト　© public domain

【あらすじ】

イシュメールは捕鯨船の船員になることに決めた。その目で世界を見て回るためだ。そして、意気投合した黒人のクイークェグと捕鯨船ピークオッド号に乗り込む。

義足のエイハブ船長は白鯨モビーディックへの復讐に燃えていた。かつて船長は、モビーディックに船と片足を奪われたのだ。モビーディックは、仕留めようとする海の男たちのたくさんの命を奪い、その存在は伝説と化していた。

『白鯨（上）』
訳：八木敏雄
（岩波文庫）

銛を持つクイークェグ
© I. W. Taber - Moby Dick - edition: Charles Scribner's Sons, New York

ある日、エイハブ船長はみずから白鯨を発見する。しかし、モビーディックはエイハブ船長の作戦を見透かしたように船長の乗るボートを破壊してしまう。

救助されたエイハブ船長は、翌日もモビーディックに挑む。ボートから白鯨に銛を打ち込むことには成功するが、三隻のうち二隻は転覆、船長の乗るボートは空中に放り上げられ、義足は食いちぎられた。

三日目、エイハブ船長は、死を覚悟し戦いを挑む。そして、銛を打ち込むものの、ボートから吹き飛ばされ、海底に沈んでいく。ピークオッド号も運命を共にする。捕鯨船レイチェル号に救助されたのはイシュメールだけだった。

最後の追跡でモビーディックに銛を打ち込むエイハブ船長
© I. W. Taber - Moby Dick - edition: Charles Scribner's Sons, New York

知恵と勇気で〝共和国〟づくりをめざした少年たち

『十五少年漂流記』

ジュール・ヴェルヌ

一八二八～一九〇五。フランス・ナント生まれの小説家。SF小説の生みの親とされる。株式仲買業をしながら書いた『気球に乗って五週間』がヒット。『海底二万里』『八十日間世界一周』『地底旅行』など六十編以上の空想科学小説を書いた。『十五少年漂流記』（一八八八年）は、ほとんど唯一の少年小説。

原書の扉絵　© public domain

【あらすじ】

ニュージーランド・オークランド市のチェアマン寄宿学校で学ぶ八歳から十四歳までの子どもたち十四人は、あすの朝、帆船スルギ号で二カ月間のニュージーランド沿岸一周の旅に出ることになっていた。しかし、出航が待ちきれなくなって、前の晩、船に潜りこんでしまう。ところが、なぜか、とも綱が解け、船は出帆、見習い水夫の黒人少年をふくむ十五人の漂流がはじまる。

スルギ号は嵐に襲われ、大波に翻弄される。ブリア

『十五少年漂流記』
訳：波多野完治
（新潮文庫）

ン、ゴードンら年かさの少年たちが舵輪にしがみつくが、船長どころか大人のいないスルギ号は、帆まで失い、太平洋を東へ流される。そして、浅瀬に乗りあげてしまう。

十五人は無事だった。だが、上陸をめぐってフランス人のブリアンとイギリス人のドノバンの意見が対立。少年たちは二つのグループに分断されるが、最年長のアメリカ人ゴードンのとりなしで力を合わせることになる。船は結局、上げ潮の力で海岸に打ち上げられる。

十五人の少年とゴードンの愛犬ファンは、力を合わせ、知恵を出し合い、勇気をふるい、島なのか大陸の一部なのかさえ分からない土地（子どもたちはチェアマン島と名づけた）でルールに基づいた小さな「共和国」づくりに乗り出す。

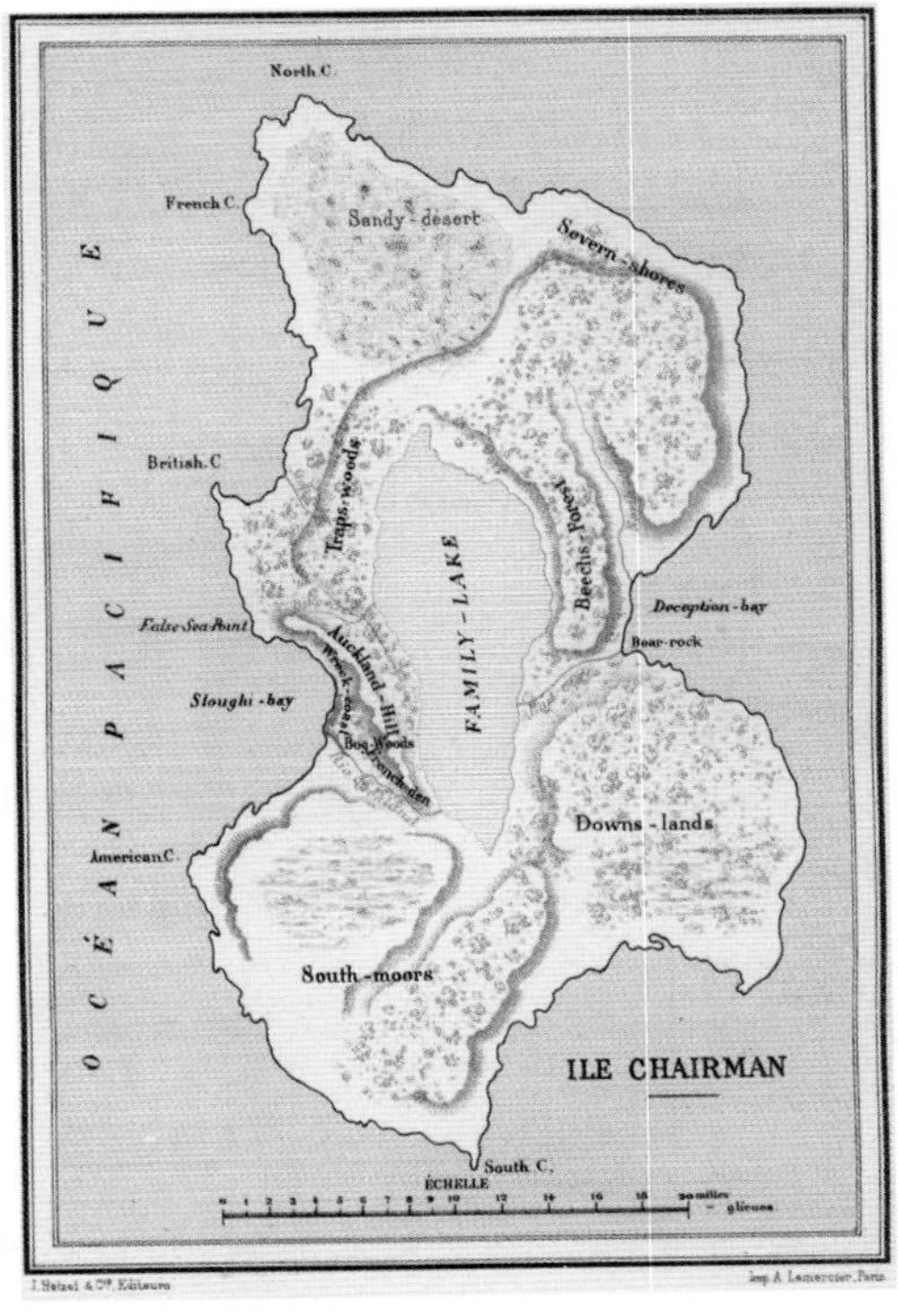

チェアマン島　© public domain

『十五少年漂流記』の日本初訳版挿絵と文
© public domain

階級意識にめざめた下級船員らの団結と挫折

『海に生くる人々』

葉山嘉樹（はやまよしき）

一八九四～一九四五。福岡県生まれ。日本を代表するプロレタリア文学作家のひとり。作品に『セメント樽の中の手紙』『海に生くる人々』など。戦時色が強まってくると鉄道の工事現場などで働いた。終戦の年に満洲開拓団員として中国に渡ったが、終戦後の十月、日本へ引き揚げる途中の列車の中で病没した。

【あらすじ】

北海道の室蘭を出港し横浜港をめざす石炭運搬船「万寿丸」は、冬の海で暴風雨に見舞われる。作業中だった十七歳のボーイ長（水夫見習）安井は大けがをする。しかし、専横（せんおう）をふるう船長の吉長は、家族や愛人にかまけて、横浜に到着し、さらに室蘭に戻るまでボーイ長を放置したままに過ごす。

日ごろから酷使されてきた水夫見習や石炭運び、火夫（かふ）（かまたき）や便所そうじの下級船員らは、この仕打ちに、それぞれの考え方や立場をこえて結集する。そして、「私たちには、決して、船主になったり船長になって、富や権力を、得ようと云（い）ふ考えなんぞはないのです。私たちは、普通の労働者として、普通の人間としての、生活を要求するのです」とストライキを決行する。要求は「八時間労働」「賃金の増額」「公傷・公病は全治まで本船が実費を負担し月給も支払うこと」など七項目。

要求を受け入れるまで船を動かさないとする下級船員に、船長は要求を受け入れる。しかし、横浜港到着後に待ち受けていたものは、船長からの下船命令と船員たちの〝乱暴〟について通報を受けた警察官だった。

『海に生くる人々』
（新日本文庫）

室蘭港高架鉄道桟橋より石炭積取の景（所蔵：土木図書館）

室蘭港（1900 年頃）
野口保興編『地理写真帖　内國之部第 4 帙』より（国立国会図書館デジタルコレクション）

海がもたらした少年漁師の奇跡の生涯

『ジョン万次郎漂流記』

井伏鱒二（いぶせますじ）

一八九八～一九九三。広島県生まれ。小説家。本名は満寿二。中学時代は画家になりたくて写生に熱中した。『山椒魚（さんしょううお）』などで文壇にデビュー。『ジョン万次郎漂流記』で一九三八年、直木賞を受賞。他に『屋根の上のサワン』『本日休診』『黒い雨』などの作品を書いた。詩集に『厄除け詩集』がある。文化勲章を受章。

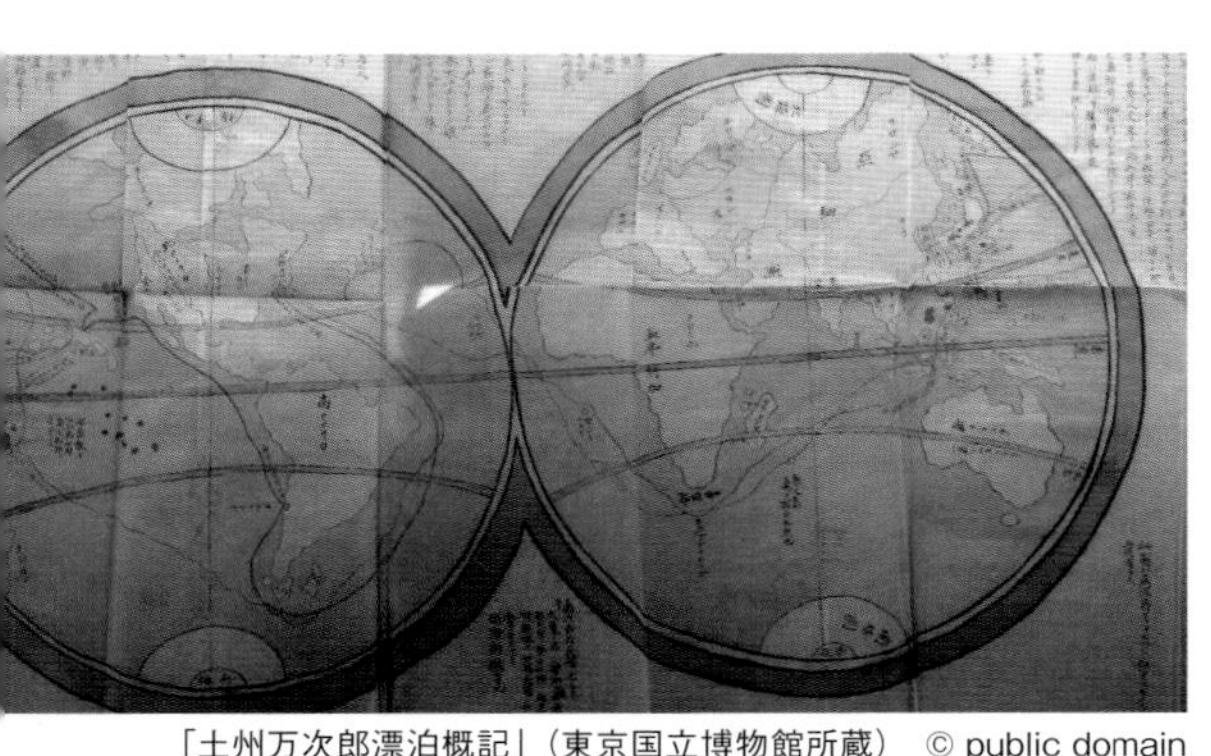

「土州万次郎漂泊概記」（東京国立博物館所蔵）　© public domain

【あらすじ】

十五歳の土佐国（現在の高知県）の漁師万次郎は、その年初めての漁に出て、他の四人の乗組員とともに暴風雨に遭遇する。船は漂流、無人島に漂着。藤九郎（アホウドリ）や貝を食べながら命をつなぐ。そして、五か月後、アメリカの捕鯨船に助け出され、ハワイに着く。

船長に気に入られた万次郎は四人と別れてアメリカ本土に渡り、学校教育を受け、捕鯨船で働くことになる。捕鯨船ジョン・ホーランド号では船長に「ジョン万」の愛称をつけられ可愛がられた。

その後、幾度か帰国のチャンスをうかがうものの、万次郎が元の仲間二人とともにアメリカの商船に乗り込み、琉球に上陸し薩摩、長崎

『ジョン万次郎漂流記』
（偕成社文庫）

中浜万次郎生誕地石碑に嵌められた帆船の絵（写真提供：土佐清水市）

で取り調べを受けた後、ふたたび故郷の土を踏むには十年以上の歳月が必要だった。

当時の日本はまだ鎖国の時代。万次郎は土佐藩に迎えられ、さらに幕臣に取り立てられる。帰国後、中浜万次郎を名乗り、一八六〇年には勝海舟や福沢諭吉らとともに咸臨丸に乗り込んで、通訳としてアメリカに渡ることになる。帰国後は英語教育等を通じて日本の近代化に尽力する。

中浜万次郎（1880 年頃）© public domain

老漁師に課せられた死闘と試練

『老人と海』

アーネスト・ヘミングウェイ

一八九九〜一九六一。アメリカの小説家。赤十字の一員として第一次世界大戦に参加し負傷。パリ在住時代に『日はまた昇る』などを出版した。スペイン内戦、第二次大戦では従軍記者に。『老人と海』（一九五二年）でピューリッツア賞、一九五四年、ノーベル文学賞を受賞。他に『武器よさらば』『キリマンジャロの雪』などの作品がある。猟銃自殺した。

【あらすじ】

キューバの老いた漁師サンチャゴは、もう八十四日も魚が釣れていない。漁師仲間にはバカにされ、食べるものもまともになかった。しかし、漁の弟子のような存在で彼を慕う少年マノーリンは、しばしば食べものを差し入れていた。

ひとり漁に出たサンチャゴの仕掛けに一八フィート（約五・五メートル）のカジキがかかった。カジキに引っ張られ、数日、沖へ沖へと漂いながら、カジキと心の対話をしながらサンチャゴは戦いつづけた。サンチャゴにはわずかな水しかなかった。腹は網でとったエビなどで満たした。そして、なんとか死闘に勝利し、とらえたカジキを船の横腹にくくりつけることができた。サンチャゴは港へ帰っていくが、戦いは終わっていなかった。今度は、カジキの血潮におびき寄せられたサメがカジキに襲いかかった。サンチャゴは、サメにナイフを突き刺し、棍棒を振りおろして戦った。

しかし、港に到着するころには、カジキは骨だけになっていた。

（『老人と海』は一九五八年にスペンサー・トレイシー主演で映画化されている。）

『老人と海』
訳：高見 浩
（新潮文庫）

映画「The Old Man and the Sea」より
(写真協力：公益財団法人川喜多記念映画文化財団)

伝説を信じ海原に挑んだ文化人類学者の記録

『コンチキ号漂流記』

トール・ハイエルダール

一九一四〜二〇〇二。ノルウェー・ラルビク生まれの文化人類学者、海洋生物学者。母親の影響を受けてオスロ大学で動物学、地理学を学んだ。コンチキ号では一〇一日間漂流し、ツアモツ諸島（フランス領ポリネシア）の環礁に着いた。エジプトから新大陸へ文化が伝わったか確かめるためパピルス舟ラー号で大西洋に乗り出したこともある。

海に出たコンチキ号 © The Kon-Tiki Museum

【概略】

南太平洋のマーケサス諸島ファツ＝ヒバ島に暮していたある夜のこと。海辺で老人が島の伝説を語りだした。「ご先祖をこの島に連れてきたのは、神であり酋長(しゅうちょう)であるチキ。ご先祖は海の向こう、大きな国でくらしていた――」。南米の石像とここポリネシアの石像は、同じ太陽の子チキを彫ったものであることに気づき、ふたつの文明をつなぐ証拠を探し求めたハイエルダールは、「ふしぎな白人の王コンチキは他の部族との戦いに敗れ、太平洋の西のかなたに消えた」というインカ帝国の伝説に出合って、よろこびに胸がふるえる。

『コンチキ号漂流記』
訳：神宮輝夫
（偕成社文庫）

オスロのコンチキ号博物館内に展示されているコンチキ号　© Bahnfrend

ハイエルダールは、アメリカインディアンがいかだづくりに使う南米原産のバルサという木でいかだを組んで南米からポリネシアへ太平洋を渡る決意をする。そして、人類学者や民族学者、船乗りらの、「やめておけ」という忠告にも負けずに技師や画家ら五人の仲間を得た。さらに、ペルーでバルサを入手し、政府の協力も得て、竹の甲板、竹とバナナの葉でできた小屋、マングローブ製のマストと舵オールを備えた長さ十五メートル、幅七・五メートルのコンチキ号を完成させた。

こうして、一九四七年四月、ペルー・カヤオ港からポリネシアをめざし、伝説を証明するための探検と冒険に太平洋へ乗り出すのだった。

漁業調査船に乗り込んだ船医の愉快な航海記

『どくとるマンボウ航海記』

北杜夫（きたもりお）

一九二七～二〇一一。東京都生まれ。小説家。昆虫学者になりたかったが東北大学医学部を卒業して精神科医に。マグロ船船医の体験談をもとに『どくとるマンボウ航海記』を執筆。『夜と霧の隅で』で芥川賞を受賞。他に『楡家（にれけ）の人びと』『輝ける碧（あお）き空の下で』などの作品がある。父親は歌人でやはり精神科医の斎藤茂吉。

【概略】

ドイツ留学の選考に書類で落とされた精神科医の北は、医局の先輩Mの「船医になったらどうだ？」「向こうに着いたらスタコラ逃げちまうんだ」という天才的な考えに、船医になる決意をする。すぐに船会社と交渉するが、「三年契約」を求められて諦める。

ところが、水産庁の漁業調査船「照洋丸」が船医を探しているという話が舞いこんで、北は数日中にも船に乗りこむことになる。航海の目的は、五カ月半にわたり、シンガポール、スエズ、リスボン、ハンブルク、ロッテルダム、ジェノヴァ、アレキサンドリア等に寄港しながら、大西洋でマグロの新漁場を開拓することにあった。

大海原を南下する船上の人となった北は、船酔いに苦しむことはなかったが、下剤をふつう量の十倍飲んでしまったり、時化（しけ）で医務室の床一面が水浸しになったり、船員たちから不気味な海の体験談を聞いたりしながら航海をつづけた。シンガポールに上陸したときには、現地の人たちに懐かしそうに「カシラー、ナカ！」と日本軍占領当時の敬礼で呼びかけられて、複雑な思いにとらわれるのだった。

『どくとるマンボウ航海記』（新潮文庫）

漁業調査船「照洋丸」（写真提供：水産庁）

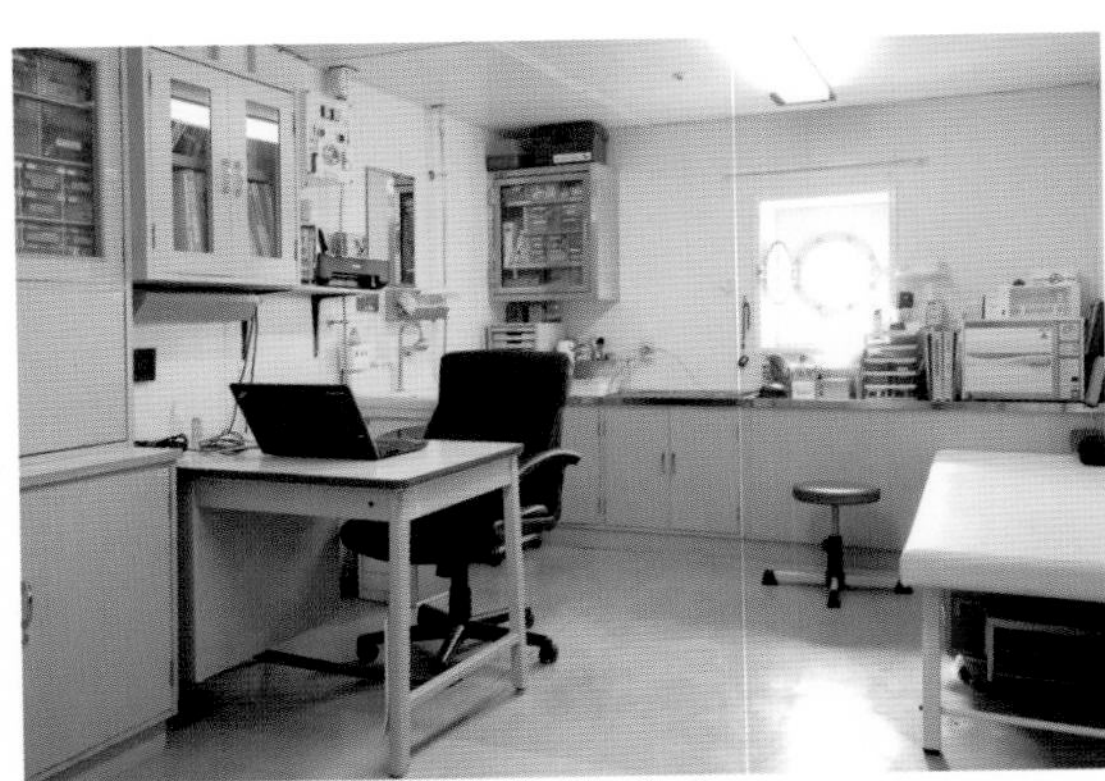

「ぱしふぃっくびいなす」診療室（写真提供：日本クルーズ客船株式会社）

信号旗

（編集者・ライター）

海と名画

橋秀文

海と人類の歴史は古く、美術の世界でも例えば古代ギリシャの陶器などを通して、そのかかわりは古くから描かれてきた。そして、ルネサンスのヴェネツィア派の絵画やバロック芸術では、港での貴人の華麗なる姿が活写された。その後、海と戦う人間たちを劇的に描写したロマン派の絵画や海の静謐さや穏やかな情景を好んで表した近・現代の風景画にいたるまで、海をモチーフにした絵画は綿々と描き継がれてきた。こうした海と人間の長く強い結びつきの歴史を名画によって見てみたい。

エクセキアス《海を渡るディオニュソス》
紀元前540-535年頃　陶器（キュリクス）、アッティカ黒像式　直径30.5cm
ミュンヘン国立古代収集館蔵（ミュンヘン、ドイツ）

海を渡るディオニュソス

古代ギリシャのキュリクスという酒杯に、黒色で人物などの対象物を表す黒像式という技法を用いて描かれている。テーマは、「ホメロス風賛歌」第七巻の葡萄酒の神ディオニュソスが船で地中海を旅する場面からとられている。ディオニュソスは、海賊に捕らえられたが、葡萄の木をマストから生やさせることで、海賊どもは恐れおののき、海に飛び込むとみなイルカに変身させられたという。赤茶色を背景に登場する者たちが黒像式で明快に表現され、エクセキアス（紀元前五五〇-五二五に活動）によるそのイメージは見る者に地中海の神話の世界を身近なものにしてくれる。

ヴィットーレ・カルパッチョ　《聖ウルスラの船出》
1495年　油彩、カンヴァス　280×611cm
アカデミア美術館蔵（ヴェネツィア、イタリア）

聖ウルスラの船出

ヴェネツィア派の画家ヴィットーレ・カルパッチョ（一四六〇／六五―一五二六）によって初期キリスト教の聖人伝説『聖ウルスラ伝』から取材された連作の一場面。横長の画面の中央の旗竿の右側にはブルターニュ王の娘ウルスラが婚約者と出会い、次にウルスラが両親と別れを告げ、さらに奥の場面で、運河沿いの道から十二本の櫂を持つ小舟に乗って、最後に大きな帆船に乗船する光景が、一枚の画面の中で複数の場面によって展開されていく、いわゆる異時同画法で描かれている。ヴェネツィア派の画家だけあって、運河の情景など画家の住んでいた街をうまく取り込んだ表現となっている。

※この章の写真はすべて大塚国際美術館の展示作品を撮影したものです。データはオリジナルのものです。

ヨアヒム・パティニール　《冥界の渡し守カロンのいる風景》
1520-1524年頃　油彩、板　64.1×102.9cm
プラド美術館蔵（マドリード、スペイン）

冥界の渡し守カロンのいる風景

ネーデルラントの画家ヨアヒム・パティニール（一四八〇頃－一五二四）は、北方ルネサンスの風景画家として知られている。主題は、ギリシャ神話に出てくるカロンという三途の川の渡し守が両岸の真ん中を幼児の様な人間の魂を小舟に乗せて、絵の画面の手前の方に船を漕ぎながら向かってくる情景が描かれている。画面の左側には天使らがおり天国であり、右側は業火が燃え盛る地獄である。とはいえ画面全体を眺めると天国と地獄の対比などという常識めいたことよりも、美しい景色の中を静かに船が漕がれてゆく一場面の幻想的なイメージに恍惚感が漂う。

ピーテル・パウル・リュベンス　《マリー・ド・メディシスのマルセイユ上陸》（「マリー・ド・メディシスの生涯」より）1621-1625年　油彩、カンヴァス　364×295cm
ルーヴル美術館蔵（パリ、フランス）

マリー・ド・メディシスのマルセイユ上陸

ルイ十三世の母后マリー・ド・メディシスの一代記を描いたピーテル・パウル・リュベンス（一五七七–一六四〇）の代表作のひとつで、二十四点連作の第六図にあたる。メディチ家からフランス王アンリ四世に嫁ぐため、船でマルセイユに上陸しようとする場面が描かれている。王侯貴族の乗る船とあって絢爛豪華な装飾がなされ、太いマストの前には王妃となるマリーが毅然と立ち、フランスを擬人化した武人が腰を低くしながら両手を広げて彼女を出迎えている。画面下方には海のニンフの裸像が目を引き、現実の出来事を神話化させる効果として活用されている。

クロード・ロラン 《夕日の港》
1639年 油彩、カンヴァス 103×137cm
ルーヴル美術館蔵（パリ、フランス）

夕日の港

クロード・ロラン（一六〇〇－一六八二）は十七世紀のフランス古典主義を代表する風景画家であり、イタリア・ルネサンス以降の理想的風景画と北方ルネサンスの明暗表現を好む風景画とを融合させた。特にクロードは夕日を好み、この作品では、左側の建築物が遠近法的に表現され、また、右側の帆船は夕日を浴びながらシルエットとして浮かび上がらせることで明暗法的表現をうまく活用している。さらに海の波の光の反映や港の人々の活気づいた情景など目に心地よい風景画となっている。

カスパル・ダーヴィト・フリードリヒ　《氷海:「希望」号の難破》
1823-1842年頃　油彩、カンヴァス　96.7×126.9cm
ハンブルク美術館蔵（ハンブルク、ドイツ）

氷海:「希望」号の難破

ドイツ・ロマン派の画家カスパル・ダーヴィト・フリードリヒ（一七七四－一八四〇）が五十歳前後に制作したもので、一面氷で覆われた海には難波した「希望号」という名の船の一部が見えている。いかにも皮肉に見える光景でありながら、天から光が注ぐ情景に希望を見出そうとする解釈もある。ロマン主義者フリードリヒの心象的、宗教的信条を吐露する絵画ゆえに自然の脅威に打ちのめされる心情と困難に立ち向かおうとする気持ちの対立する葛藤が描かれているとすることも可能である。

ギュスターヴ・クールベ 《エトルタの断崖、嵐の後》
1869年（1870年サロン出品） 油彩、カンヴァス 133×162cm
オルセー美術館蔵（パリ、フランス）

エトルタの断崖、嵐の後

ギュスターヴ・クールベ（一八一九－一八七七）はスイス国境近くのオルナンという村に生まれ育ち、パリに出てからも自然を相手に描くとしても、そのほとんどが山や森、さらに田園風景であった。そして、五十歳になったころ、一八六九年の夏から秋にかけてノルマンディーの海岸を訪れて、エトルタの断崖やその海岸に打ち寄せる荒波などを集中して描いている。この白亜の断崖や浜辺に見られる光と影の表現から印象派の先駆けを感じることが出来る。

ポール・シニャック　《マルセイユ港の入口》
1911年　油彩、カンヴァス　116.5×162.5cm
オルセー美術館蔵（パリ、フランス）

マルセイユ港の入口

ポール・シニャック（一八六三－一九三五）は、フランス十九世紀－二十世紀に活躍した新印象主義の画家で、点描や色彩分割の技法を駆使して主に風景や人物を描いた。マルセイユ港といっても、リュベンスが描いた《マリー・ド・メディシスのマルセイユ上陸》の壮麗さとは異なり、この作品ではマルセイユの港の入口の情景をピンクやブルー、緑や紫などの点描によって抒情豊かに描くことで、視覚的な一篇の詩を生み出そうとしたようだ。

（美術史家）

天正遣欧少年使節
海は世界をつないだ

平田豊弘

一五四九年、宣教師フランシスコ・ザビエルによって日本にキリスト教（カトリック系）が伝わりました。その後、宣教師が次々と来日して布教活動が進み、学校や病院・孤児院などが建てられ、信者は急速に増加します。一五八二年、九州のキリシタン大名大友宗麟、大村純忠、有馬晴信は、四名（正使：伊東マンショ、千々石ミゲル、副使：原マルチノ、中浦ジュリアン）の少年使節をローマ教皇のもとに派遣しました。彼らは、有馬のセミナリオ（現南島原市に設置された神学校、現在の中学校）で学ぶ十二歳・十三歳の少年で、東洋人として初めて西洋を訪れた使節団です。

海からの声

一五八二年（天正一〇）二月二十日、長崎の港をポルトガルの帆船が出発しました。甲板には、四名の少年が別れの涙を抑えながら見送りの人たちに手を振っていました。この使節団を具体的に計画したのはヴァリニャーノ神父で、その目的は、ローマ教皇に日本での布教活動の成果を報告し、経済的支援と宣教師派遣を要請すること。もう一つは、少年たちが帰国したのち、ヨーロッパ文化を日本で知らせるためでした。日本人は七名で、四名の使節

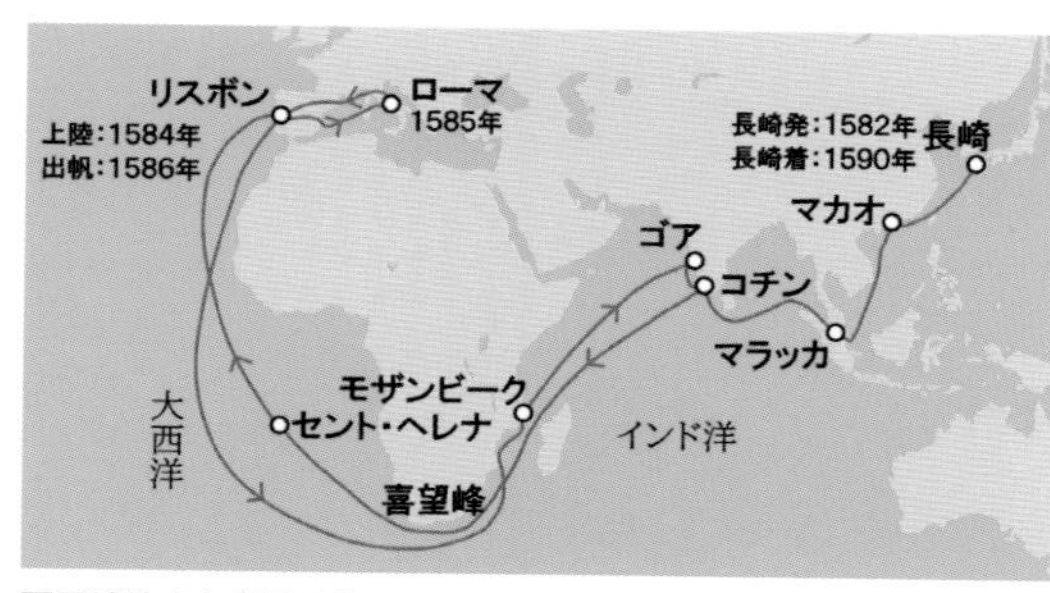

天正遣欧少年使節の旅
1582年に長崎を出発、2年半後にリスボン上陸。約2年でポルトガル、スペイン、イタリアを巡り、1586年にリスボン出港。1590年、長崎に帰着。

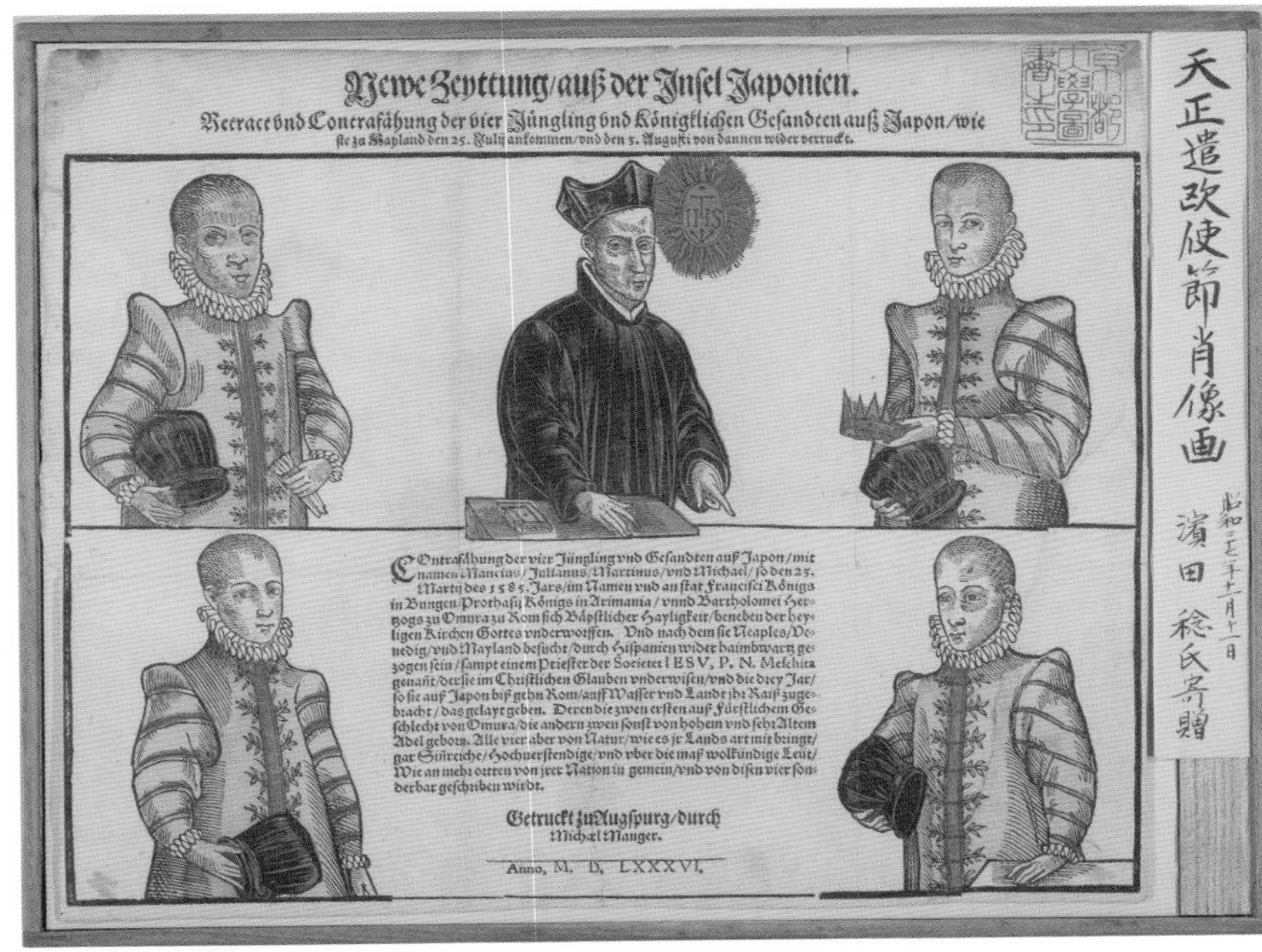

天正遣欧少年使節肖像画
ドイツ・アウグスブルク 1586年刊（所蔵：京都大学附属図書館）
使節が1585年にミラノを出発したことを伝えている。上段中央がメスキータ神父、右が伊東マンショ、左が中浦ジュリアン、下段右が千々石ミゲル、左が、原マルチノ。

と随行三名（一名は使節の教育係、二名は印刷技術取得の要員）、そしてヴァリニャーノ神父などの関係者で構成されていました。

この頃の帆船はナウ型ポルトガル船で、通常は三本のマストを備え、全長は五〇m、幅一〇mのずんぐりとした型で、南蛮屏風にも描かれています。一五八四年八月十一日の朝、船はリスボンに到着。長崎を出てから二年六ケ月が過ぎていましたが、海は少年達を大きく成長させていました。

ローマへの道 文化の交流

はるばる遠い日本から来た少年使節は、行く先々で大歓迎を受けました。このころ、フェリペ二世がスペインとポルトガルの国王を兼務しています。一行は、九月十四日、エヴォラの大聖堂で荘厳なミサに出席し、マンショとミゲルがパイプオルガンを弾いて、喝采を受けました。そのパイプオルガンの音は、現在も聞くことができます。十一月十四日にはフェリペ二世と謁見し、一行がイタリアに着いたのは、一五八五年三月一日のことでした。三月二十二日、ついにローマに入ります。翌日、ローマ教皇との謁見を賜るためヴァチカン宮殿に向かいましたが、道筋には少年達を見ようと群衆が詰めかけていました。教皇グレゴリオ十三世は、「遠くから無事に来てくれた。子供たちは地球の東の果てから苦難を乗り越えて来た、立派な神の子である。」と、声を掛けたのです。

帰国の喜びと別れ

一五八六年四月、一行はポルトガルを離れ帰国の途に就きます。翌年、大村純忠・大友宗麟が亡くなり、豊臣秀吉が伴天連（ばてれん）追放令（ついほうれい）を発布したため、少年達は苦難の道を歩くことになります。一五九〇年七月二十一日、長崎に帰国しますが、出発してから八年余の歳月が過ぎていました。

帰国した翌年の一五九一年（天正一九）三月三日、一行は豊臣秀吉と謁見します。ヴァリニャーノ神父は、秀吉にキリスト教の信仰が許されることと、宣教師の滞在を必死に懇願しました。やがて、インド副王から秀吉への手紙を捧げる儀式が終わり宴会に移りました。そこで、四少年は秀吉から楽器の演奏を命じられます。マンショがラベキーニャ（現在のバイオリン）、ミゲルがクラヴォ（チェンバロ）、マルチノがアルバ（ハープ）、ジュリアンがラウド（フルート）を受け持って、「皇帝の曲」の四重奏を奏でました。秀吉は何度もアンコールしました。一五九二年（文禄元）五月、秀吉の朝鮮出兵に合わせ肥前名護屋城が築かれることになり、弾圧を恐れてキリスト教関連施設のコレジヨ（大神学校）と印刷所は天草に移転することになります。

少年達は、天草のノビシャド（修練院）、コレジヨに進み神父の道を目指しました。使節が持ち帰ったものの代

ナウ型ポルトガル船 模型（所蔵：天草キリシタン館）
リスボン・インド航路に1550年頃より就航していたポルトガル船。通常500 ～ 800トンで300人程度が乗船していた。この船で中国・東南アジアから生糸、絹織物、陶磁器を、日本から金、銀、銅を積み出し、アジアとの交易に活躍した。

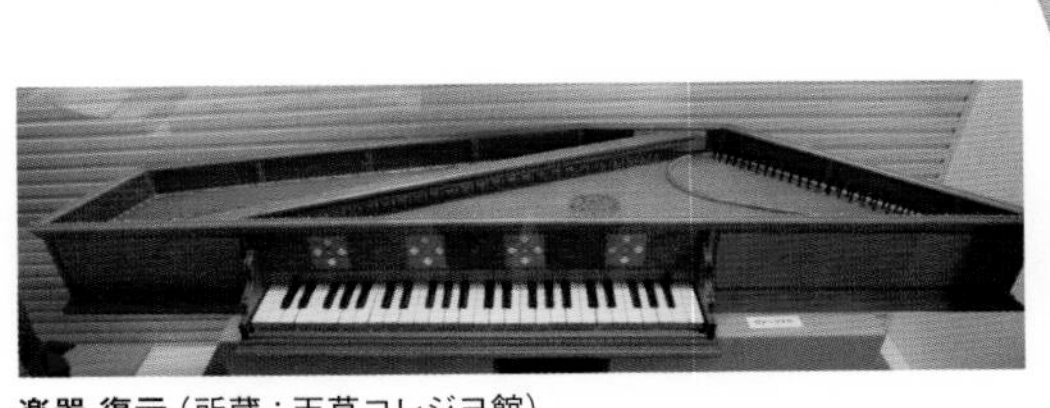

楽器 復元（所蔵：天草コレジヨ館）
1591年3月3日、少年使節は豊臣秀吉と謁見し楽器を演奏した。当時、日本にもたらされた楽器を復元したもの。

グーテンベルク印刷機 復元模型
（所蔵：天草コレジヨ館）
ヨハネス・グーテンベルクは、ドイツ出身の金細工師、印刷業者で活版印刷技術の発明者。使節は印刷技術と印刷機を持ち帰った。

表は、金属活字印刷機と印刷技術です。これを機に、キリスト教に関連する図書、平家物語などがローマ字で印刷され、日本の歴史・文化、言語を学ぶ教科書として使用されました。これは日本文化史上特筆すべき出来事でした。また、楽器や海図なども持ち込まれ、日本に大きな影響を与えます。やがて、少年達は別々の道を歩き始めました。伊東マンショは、イエズス会修道士（しゅうどうし）となり、中浦ジュリアンと共にマカオで学び、帰国して司祭となりましたが一六一二年（慶長一七年）に長崎で病死します。千々石ミゲルは、日本が西洋の軍事的脅威にさらされているという疑念を持ち、イエズス会を脱会しました。語学に優れていた原マルチノは司祭となり、禁教令のあとマカオへ追放され一六二九年に亡くなります。中浦ジュリアンは司祭となり、禁教令後の日本に留まって、九州で潜伏して布教活動を続けました。しかし、小倉（現福岡県）で捕縛されて長崎に送られ、一六三三年十月十八日に西坂で穴吊りにされます。そして二十一日、「私はローマを見た」と叫び命をおとしたのでした。

四百四十年前、開拓者として海を越えた少年使節は新しい文化や考え方を持ち帰りました。その夢は今も息づき、時空を超えて繋がっているのです。

（天草市立天草キリシタン館 館長）

【参考文献】
『ローマを見た　天正少年使節』結城了悟　日本二十六聖人記念館　一九八二年
『天正少年使節　史料と研究』結城了悟　純心女子短期大学　一九九三年
『キリシタンの文化』五野井隆史　吉川弘文館　二〇一二年
『キリシタンと出版』豊島正之　八木書店　二〇一三年

大黒屋光太夫が見せた力

小林和男

私は山国の長野県に育った。本州の真ん中を南北に走る八ヶ岳連峰の麓で南には富士山、西北には北アルプスが遠望できる所だが、人は無いものを欲しがる。私には海だった。初めて海を見たのは小学校の修学旅行で行った静岡の三保の松原の海。海の果てまで行ってみたいと夢を描いた。

海への憧れを抱いたまま記者になって世界を飛び回ることになったが、慌ただしい仕事の交通手段は飛行機に決まっている。ソ連という超大国が崩壊し、各地に戦争や内乱があり、原発事故やエネルギー危機があって、複雑な仕事だったが、一線を退いてその時の蓄積が生きた。世界を巡る大型客船に乗船して船客の皆さんに講演をする仕事の依頼だ。コロナ騒ぎで二〇一九年を最後に中断しているが、それまで十年間毎年世界各地を訪れた。アフリカの南端ケープタウンから大西洋を北上する。出会う船はほとんど無い。スエズ運河の役割の大きさをそのことで実感する。ナポレオンが幽閉されて生涯を終えた大西洋の荒海に姿を見せたセント・ヘレナ島は断崖絶壁の上に申し訳程度に緑地が見える島だった。まさに絶海の孤島で、流石のナポレオンも脱出できなかったわけだ。アイスランドは平面地図で見ると大きな国に見えるが実際は北海道を少し大きくした位の島国で一部は北極圏

大黒屋光太夫（左）
桂川甫周『吹上秘書漂民御覧之記』より
（所蔵：北海道大学附属図書館北方資料室）

カムチャツカの州都に向かう飛鳥Ⅱ

に入って国土の一一%が氷河に覆われている。船の旅で実感することはスケールが大きい。

江戸時代の船乗り大黒屋光太夫が八ヶ月も漂流の末流れ着いたアリューシャン列島のアムチトカ島近くも通った。見たと言わないのは濃霧のせいだ。この海域はアリューシャン列島を挟んで北側が寒流のベーリング海、南側が北太平洋の暖流だから霧の名所だ。船はアムチトカ島の近くで列島を横切りベーリング海に入ったが、濃霧で時折島が一瞬顔を出すという状態で、光太夫の船が着いた島を目にすることはできなかった。

大黒屋光太夫は江戸の後期一七八二年十二月十三日三重県の港白子から紀州藩の蔵米二五〇石を積んで江戸に向かった。乗組員は総勢十七名、光太夫が船頭で最高齢は六十五歳から最年少は十五歳の炊事係だ。船は全長二七mで帆柱一つが動力源だが、普通の天候なら二日から四日で江戸に着く航海だったという。光太夫の船は白子を出て一日半後大嵐に見舞われた。木造船はなすすべもなく漂流を続ける。衣類を縫い合わせ失われた帆を作って操船しようと試みるが、自然の猛威はそんなことで克服できるものではない。飲料水は切れ、雨水を集めて渇きを癒す。こんな時人の気持ちは荒ぶ。

サンクトペテルブルクのツァールスコエ・セローにあるエカチェリーナ宮殿 ©Alex Fedorov・Wikimedia Commons

些細なことでも争いの原因になる。だが皆が力を合わせなければ共倒れになるという状況と船乗りの基本的な心得、それに光太夫の指導力がものを言った。光太夫は不思議なものを持参していた。尺八だ。あるとき光太夫が皆を慰めようと尺八を吹いた。全員がその音色に静かに聞き入ったが、静けさは忽ち男たちの啜り泣きに変わった。全員に万感の思いが込み上げたのだ。以後光太夫は吹くのをやめたが、後にこの尺八がロシアで偉大な力を発揮する。

現地の天候状況を考えれば光太夫一行が八ヶ月後にアリューシャン列島のちっぽけな島影を見つけたのは奇跡だし、たまたまそこに毛皮取りのロシア人が住んでいたというのも幸運だった。もっと幸運だったのは出会った異郷の人たちが光太夫たちと人間的な親交を結んだことだ。その人たちの助けでカムチャツカからオホーツクを越え厳冬のシベリアの大地を橇と馬で超えて帝都サンクトペテルブルクに到達し、女帝エカチェリーナⅡ世に謁見を果たした。白子を出てから七年半が経っていた。女帝の心を捉え勅令で帰国を果たした経緯はどんなフィクションよりもエキサイティングだ。白子を出てから帰国まで十年の詳細は『大

エカチェリーナ宮殿の大広間 © Georg Dembowski. Wikimedia Commons

黒屋光太夫――帝政ロシア漂流の物語――』（山下恒夫著　岩波新書）や『大黒屋光太夫』（吉村昭著　毎日新聞社）に詳しいが、若い皆さんに私が伝えたいのはなぜこんな奇跡が起こったのかということだ。まず光太夫の船頭としてのリーダーシップだ。危機の時に真価を発揮するのが指導者に求められる資質だ。その凄さがこれらの著書で納得できる。そしてもう一つ重要なのは文化の力だ。光太夫が人々の踊りに合わせた尺八の音色が現地の人たちの心を掴んで協力者になる。音感の良い彼は現地の人たちが歌ってくれた「黒い瞳」をすぐに日本語の歌詞で歌ってみせる。歌詞の意味は原曲とはまったく正反対だったが人の心は捉える。そして光太夫が大事に持っていた人形や漆の皿なども女帝をはじめロシアの人たちに日本への興味と光太夫帰国への支援の気持ちを掻き立てた。エカチェリーナⅡ世はエルミタージュ美術館を作り、女子学習院を設立し音楽家の養成に熱心な人物だった。一人の日本の船頭が大国ロシアの大女帝の心を捉えたのには人類共通の文化の力があった。船乗りになって光太夫の気持ちを味わうという思いは叶わないが、大黒屋光太夫の記録で船乗りの凄さと魅力を楽しんでいる。

（ジャーナリスト）

榎本武揚と船と海

黒瀧秀久

世界は「海」でつながっており、飛行機がない時代はその海を渡る手段は「船」のみだった。日本の近代化は、今からおおよそ百七十年前から始まった。これを「明治維新」と呼ぶが、諸君もこの時代を題材にした物語や映画を一度は目にしたことがあるだろう。その中で、「船」や「海」に深く関係した人物が榎本武揚（えのもとたけあき）である。

榎本武揚は、幕府旗本の次男として東京（江戸）で生まれ、西洋の学問や英語、オランダ語を学び、人一倍海外に対する興味にかられていた。そんな彼が十九歳の時、蝦夷地（北海道）、北蝦夷地（樺太・サハリン）の巡視に随行する機会があり、そこで目にしたのはオホーツク海に集まる外国の捕鯨船団や箱館港（函館）に停泊する軍艦であった。

鯨から捕れる油（鯨油）は、当時産業革命で稼働する機械用の潤滑油や照明用ランプ、石けんなどの原料として欠かせない物資の一つだった。既に近海で鯨を取り尽くしてしまった欧米諸国は、競って遠く離れた日本近海（ジャパン・グランドと呼ばれた）まで捕鯨に来ていた。

これらの事実を目にした榎本武揚は、時を同じくして幕府が西洋式の海軍創設を目指して設立した長崎海

榎本武揚

19世紀末頃のニューイングランドの捕鯨船

「長崎海軍伝習所絵図」（所蔵：鍋島報效会）

軍伝習所に入学した。二十五歳の時には幕府からオランダへ留学する機会が与えられ、途中軍艦の製造から自然科学に至るまで近代日本の殖産興業の基礎となる科学技術を学んだ。この旅は暴風でオランダ船が途中で沈没する危機を乗り越えたものであった。また、長らく鎖国を続けてきた日本にとって、最も遅れていたとされる学問分野が「国際法」の分野だった。榎本武揚は、海軍学のみならず国交や国際紛争に対する近代化の推進に必要だと考え国際法の勉強にも力を入れた。

「榎本武揚」と「船」で欠かせないキーワードといえば「開

陽丸」であろう。「開陽丸」は彼のオランダ留学と同時に幕府より発注された木造艦で、全長七二m、排水量二五九〇t、三本のマストと四百馬力の蒸気機関、最大船速一〇ノット（約一八・五km／h）という、当時世界的にも巨大な帆船軍艦だった。三十二歳の若さで最新鋭艦「開陽丸」の艦長に就任し、旧幕府海軍のトップとなる海軍副総裁に就任した。帰国後、戊辰戦争では旧幕府軍を引き連れて蝦夷地（北海道）に渡り、「蝦夷共和国」を樹立して最後まで新政府軍に抵抗したが、敗れた後敗軍の将として囚われの身となった。しかし、死罪を免れるだけでなく、旧幕臣の身でありながら明治新政府の重要ポスト（海軍卿、外務大臣、文部大臣、農商務大臣等）を歴任する事ができたのは、こうした近代ヨーロッパの先端技術や国際法を熟知し、当時の国際感覚に優れた才能を認められたところにある。

　榎本武揚の類い希なる外交能力が発揮された事柄として、一八七五年にロシアと締結された条約交渉がある。当時、樺太（サハリン）は日本とロシアの混住の地となっており、紛争が絶えなかった事が背景にあった。しかし、大国ロシアとの領土交渉には、北方地域に関する知識や語学、交渉術に卓越した人物が不可欠だったが、そこで適任とされたのが榎本武揚だった。交渉は難航したが、無事に「樺太・千島交換条約（別名：サンクトペテルブルク条約）」の調印に至った。この条約はこれまで日本が諸国と結んできた不平等な内容とは異なり、初めて大国と対等に渡り合って獲得した結果として評価されている。帰国は日本人で初めてシベリア横断を実現した〝冒険〟そのものであった。

　外務大臣時代には、「移住課」を設けてメキシコ移民政策に取り組んだ。国力のない日本が海外に進出す

開陽丸

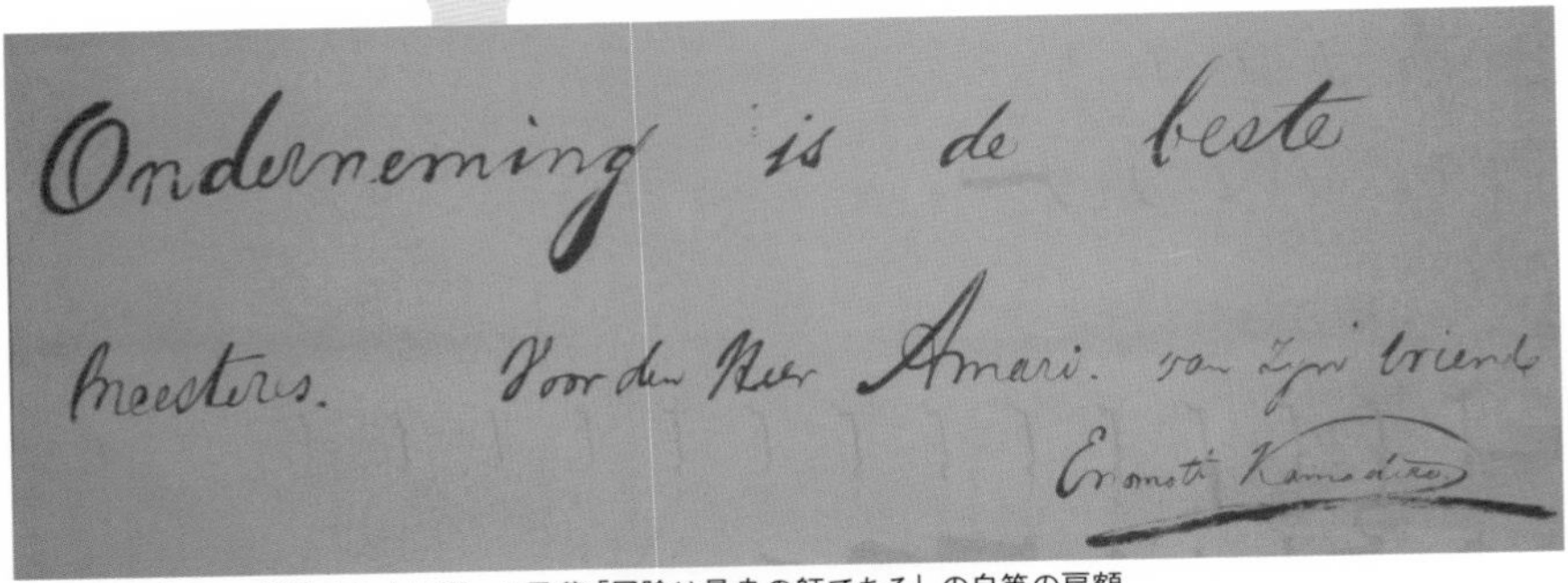

榎本武揚がオランダ語で友人に贈った言葉「冒険は最良の師である」の自筆の扁額
（所蔵：駒込吉祥寺、画像提供：東京農業大学）

るためには、欧米諸国のように武力によって植民地を獲得し、支配者として現地民を労働力として雇いながら事業を展開する「植民」ではなく、他国の未開発の土地を平和裏に買い求め、そこに日本人を期間を限定した「契約移民」ではなく「永住移民」として送り込んで開拓して経済的に独立させる構想を持った。これは、かつてオランダ留学の往復航路で、寄港などの際に列強の植民地支配を観察した体験からこのような構想を抱いたとされる。

榎本武揚は、政界以外にも東京農業大学（私立育英黌（こう）農業科）を設立し、さらに「電気学会」「大日本気象学会」など様々な科学技術に関する学会等の要職を務めている。その数は十四以上にのぼるが、どれも単なる名誉職ではなく、精力的に活動したことが知られている。享年七十三で東京都内の自宅で永眠した際も葬儀は海軍葬で執り行われるなど、「船」と「海」は榎本武揚の人生そのものであり、現在の日本人の原点に、深く関わってきたといえる。

榎本武揚が残した代表的な言葉に「冒険は最良の師である」がある。若き日にオランダ留学から帰った際に友人にオランダ語で贈ったとされるこの言葉には、大きな時代の転換点を迎える現代において、「最良の師」である冒険をおこなうきっかけとなった「船」「海」を通じた熱い思いが異彩を放っている。

（東京農業大学教授）

チャレンジ人生、ジョン万次郎

中濱武彦

ジョン万次郎は、幕末から明治にかけて活躍した日本人です。コメディアンでもハーフでもありませんが、恩人である船長への手紙に自ら「ジャパニーズ・ジョン万次郎」と署名しています。

十四歳の時に初漁へ出ましたが、天候が急変し黒潮の蛇行に乗せられて絶海の孤島で漂流生活、アメリカの捕鯨船に救助されました。万次郎は仲間と別れ、独り未知の国アメリカへと渡ります。「偏見や差別」を、船長の愛と自分の努力で克服し、アメリカ市民から「ジョン・マン」と親しまれる好青年に成長しました。先進民主社会の実際を経験し、英語や操船の知識と技術を学び、勤勉と努力で一等航海士となり捕鯨漁に出ます。そこで「世界の海の公法」を知りました。航海において、嵐の避難・ケガや病人の発生時は保護、食料や飲料水の補給はどの国も快く迎え入れます。

ところが日本は、いきなり砲撃して外国船を追い払うので評判は最悪でした。万次郎は日本国に「グローバルスタンダード」を伝えるために、ペリー提督が率いる「黒船来航」の前に自力で帰国します。彼のもたらした「世界の情報」は、江戸幕府首脳や坂本龍馬・勝海舟・福沢諭吉等に大きな影響を与えました。

どんな不遇にも負けずに、力強くチャレンジしていく精神は、現代の私たちにも、「夢と希望」に向かって努力

足摺岬の中濱万次郎の銅像

高知県土佐清水市中浜（写真提供：土佐清水市）

することの大切さを教えてくれています。ネバーギブアップ（決して諦めない）が彼の信念でした。人生の道程で「その場面で役立つ人間でありたい」と願い、行動することで逆境を幸運に変えていったチャレンジ人生でした。

漂流

南国、四国の最南端に足摺岬があります。万次郎は、この岬から四キロほど西北に離れた中ノ浜村（高知県土佐清水市中浜）の漁師の次男として生まれました。八歳の時に父親を亡くし、一家六人の生活は困窮します。万次郎は幼いころから、子守りや米つき作業などで家計を支えました。

大工の子は大工、漁師の子は漁師。当時の土佐藩には「職業選択の自由」がありませんでした。満十四歳になった万次郎は「かしき」と呼ばれる漁師見習いとなり漁にでましたが、天候の急変によって漂流し、絶海の孤島に漂着しますが船は砕け散りました。仲間五人との飢えと闘いながら救出を待つ百四十日間、運よくアメリカの捕鯨船に救助されたのです。一八四一年六月二十七日、日曜日のことでした。

捕鯨船での生活

船名は「ジョン・ハウランド号」アメリカ東部のマサチューセッツ州、ニューベッドフォードを母港とし三十四名の乗組員を統率するのは、ウイリアム・H・ホイットフィールド船長（三十七歳）、ハワイやグアム島の基地で、食料・飲料水等の補給を受けながら三〜四年間の捕鯨航海の途中でした。乗組員はそれぞれ肌や眼の色が異なっていましたが、全員がアメリカ国籍で英語で話します。けれども、自分の出自国をアイデンティティとして、大切にしていました。彼等と一緒に暮らし、万次郎は日本人であることを強く意識するようになりました。

捕鯨船は三本マスト、三四メートルの大きな船で、左右に八艘のキャッチャーボートを乗せています。一番高いメインマストの上には「クローズ・ネスト」（見張り台）があり、望遠鏡で鯨の発見に努めます。鯨を発見すると大声で「ゼァ・シーブローズ・シーブローズ！」（あそこで鯨が潮を吹いているぞ）と知らせるのです。キャッチャーボートが次々と海に降ろされ、鯨を銛で射止め本船に曳いてきます。横づけにした鯨の皮をはぎ取りウインチでデッキに引き上げ、大きな鍋で煮出し鯨油を採り木の樽に詰め、肉は海中に投棄します。一連の動作を流れるように進めていく大男達の逞しい姿は美しく、万次郎は魅了されて見入りました。

「鯨油」はランプ・ロウソク・石鹸・薬品・クリーム等の化粧品、マッコウクジラの脳油は時計等の精密機械油、鯨の髭は婦人のパラソルやコルセット、骨はステッキの柄・パイプ・ボタンとなり、アメリカからヨーロッパ諸国に輸出される重要な商品となりました。一八五九年にペンシルベニア州のオイルクリークで石油が発見されるまで「捕鯨漁」最盛期は十年間ほど続きました。

万次郎はメインマストに登り、鯨を見つける仕事に就きます。その他、デッキの掃除や食後の皿洗いなどを自発的にはじめ、誰とも親しく会話し、英語を習得していきました。船員からは船名のジョンを付けて「ジョン・マン」と呼ばれ、船員帽が与えられマスコットボーイのように可愛がられました。この様子をジット観察している人物がいました。ホイットフィールド船長です。

①自分から行動する積極性に富んでいる。

②困難な仕事にもチャレンジして行く勇気がある。

③新しい環境や異文化への適応力に富んでいる。

ホイットフィールド船長の家（写真提供：土佐清水市）

この少年を母国アメリカで教育すると、どんな青年に成長するだろうか、大いに興味を持ちました。救助された五人の日本漁師はハワイへ送られ、中国行きの船を待つことになりました。船長は万次郎にだけ「私と一緒にアメリカへ行ってみないかい」「連れて行ってください」と即答しました。

日本人初の留学生となる

母港のニューベッドフォードに帰港したのは、一八四三年五月七日、その夜に隣町のフェアーヘイブンにある船長宅に入りました。北国は春爛漫（はるらんまん）、ミモザやバラの花が咲く美しい町でした。万次郎は十六歳になっていました。船長夫妻と一緒に出掛けた「教会」では、万次郎は「黒人席」に座るように言われましたが、船長は「ジョン・マンは家族だ」と三人を快く受け入れる教会に変えてくれました。私学である「オクスフォード校」に入学させてくれ、放課後は「塾」にも通いました。美人三姉妹のアレン家です。長女のチャリティは母親のように服や靴下をつくろい、クッキーを焼き、二女のジェーンが通う学校の先生です。三女のアミリアはジョン・マンと机を並べて補修授業を受けました。その後、公立の「スコンチカットネック校」を経て、名門の専門学校「バートレッド・アカデミー校」に入学させてくれました。航海士と測量士を育成する学校で、学科と実技を学びます。アメリカの

万次郎が海洋学を学んだ学校（写真提供：土佐清水市）

学校は出来ればズンズン進級し、出来なければ何年いても卒業できません。
ジョン・マンは船長の農園を手伝い、桶屋に住み込んで通学するなどして、学費を工面するなどしながら、首席で専門学校を卒業しました。彼の勤勉と努力はフェアーヘイブンの町の人々の心を叩き、仲間として受け入れ、敬愛されるようになりました。

日本への想い

学校を卒業したジョン・マンは捕鯨船「フランクリン号」の船員として航海に出ました。大海原を風を読んで操舵し、夜間は星座で位置を確認します。学問と操船技術で、一等航海士に認定されました。船長が病気で下船した後に行われた船長選挙では、仲間の票が同数になりましたが、ジョン・マンは副船長として働くことにしました。しかし、仲間の信頼は身震いするほどの喜びでした。

補給基地のグアム島に入港すると、知り合いの捕鯨船の船長や船員から「ジャップ野郎」と呼ばれるのでした。原因はアメリカの商船「モリソン号」に対する日本国の対応にありました。「モリソン号」はマカオ島に保護されていた日本人漂流民七名を日本に送り届けるために、浦賀港に向かったところ、いきなり砲撃されたそうです。非武装の商船に理由も聞かずに、いきなりの発砲は「野蛮国」の行為だと怒っているのでした。ジョン・マンはホイットフィールド船長に手紙を書きました。

「私は努力して、何とか日本に港を開かせ、そこで捕鯨船が食料や飲料水を補給できるようにしたい。
一八四七・三・一二　グアム島にて　ジャパニーズ・ジョン・マンジロウ」

帰国への準備

ジョン・マンは日本への帰国資金を得るために、ゴールドラッシュに沸くカリフォルニア州の金山に向かいます。仲間と二人で砂金を得るとハワイに向かいました。漂流した仲間と帰国するためです。一人は病死、一人はハワイが良いとのことで、三人で帰国することになりました。当時の日本は海外で暮らした者は、理由が何であれ「死罪」という掟がありました。ホノルルの文化人は、アメリカが育てた一等航海士を死地には送れぬ、アメリカ東インド艦隊が日本に向かうので、開国後に帰国すべきだと引き止めます。

帰国

万次郎が帰国のために買ったボートには「アドベンチャー号」（冒険号）と名付け、中国行きの商船に乗せ沖縄に上陸しました。一八五一年二月三日、漂流してから十年後、二十四歳の逞しい青年に成長していました。薩摩藩主の嶋津斉彬（しまづなりあきら）の取り調べで「帰国の真意」を伝え、その「志」を高く評価されました。その後、長崎牢そして土佐藩の調べが続き、故郷の中ノ浜で待つ母親と再会したのは一年十ヵ月後、それも三日間だけの短い日数でした。

武士への登用そして大学教授に

土佐藩に呼び出された万次郎は、最下級ではありましたが武士に登用されたのです。やがて、ペリー提督率いる「黒船」が来航すると江戸幕府に呼び出され、幕府直参になり「中濱万次郎」と名乗りました。アメリカの真意は「補給のための開港であり、領土的野心はない」等の情報は、アメリカの真意をさぐる幕閣に大変に役立ちました。

その後は「咸臨丸の通訳」「小笠原諸島の開拓」鹿児島の「開成所教授」高知の「開成館教授」明治新政

府からは「開成所（東大の前身）教授」等の教育分野で活躍します。「選挙で大統領を選ぶ、民主主義のあり方」「国際法」「貿易の重要性」「航海知識・操船技術」等を熱心に教えました。

幕末にもっとも身分制度に厳しかった土佐藩から、維新後に自由党総裁の後藤象二郎、初代首相の板垣退助や憂国の志士坂本龍馬、三菱商会の岩崎弥太郎等が新しい日本の建設に向かって努力したことは注目すべき事実です。

万次郎は政府委員としてヨーロッパ視察に向かう途中、ニューヨークからフェアーヘイブンのホイットフィールド船長宅を訪ね、ご夫妻に心を込めた「お礼の言葉」を述べています。

日米の架け橋として

一九七六年、アメリカは建国二百年を迎え、ワシントンにあるスミソニアン博物館で「海外からの訪問者展」を開催し、アメリカを世界に伝えた二十九名と一団体を選び紹介しました。「新世界」のチェコの作曲家ドボルザーク、イギリスの数学者ディケンズ、イタリアの劇作家プッチーニ等と並んで日本からは中濱万次郎のみが選ばれました。第三十代アメリカ大統領のK・クーリッジは「ジョン・マンは初代アメリカ領事に等しい」と評価し、養育されたフェアーヘイブンの「ミリセント図書館」には、ジョン・マンの常設展示がされています。

万次郎が熱意を込め日本に伝えた自由・平等の精神、民主主義の大切さ、貿易による国の繁栄策、共通語としての英語は、明治の文明開化と共にかなり理解され取り入れられていきました。

しかし、一つだけ残念な事がありました。首都が江戸から東京と変わり多くの失業者が生まれました。万次郎は、そうした困っている人々に「食料や金銭」を与えていました。「ノーブレスオブリュージュ」（地位に応じた無償の奉仕）の実行ですが、この思想は現代でも日本は世界の潮流からは遅れているように思われます。

高知県の土佐清水市には「ジョン万次郎記念館」があります。アメリカ・マサチューセッツ州フェアーヘイブンのミリセント図書館と共に、お友達と一緒にぜひ一度、訪れてくれると嬉しいです。

（作家）

私と船 そして海 Ⅲ

大いなるロマンを海にもとめて

衛藤征士郎

私の故郷は大分県玖珠町(くすまち)です。江戸時代に久留島藩（一万二千五百石）が治めた地です。久留島藩は、一六〇〇年の「関ヶ原の戦」で西軍の豊臣方に加わったために、愛媛県伊予から移封され改名させられました。

海と船と櫓を奪われ「来島」を改名させられた久留島藩は、瀬戸内海に面する大分県速見郡日出町（別府市に隣接する）の山中に領地（飛地）を与えられました。参勤交代時にはこの地から瀬戸内海に船出して海路をとって大坂下屋敷に向かい、江戸を目指しました。江戸上屋敷は、品川・泉岳寺の隣にありました。

そんな久留島家が治める地で育ったせいか、私も幼い頃から「海」に人一倍思い入れと関心を抱いていました。

東京で学んだ学生時代、私は、郷里に帰省する際に別府～大阪間を、船を利用して往復しました。船上のデッキで浴びた爽やかな潮風を今も忘れることはありません。「くれない丸」「るり丸」「アイボリー丸」など瀬戸内海航路の関西汽船に嫌というほど乗りました。

私は四歳のとき韓国から引き揚げて来ました。警察に勤務していた父は、警察官仲間と小さな漁船をチャーターし木浦港から唐津へと向かいました。時化に遭い大人も子供も皆船酔いに苦しむ中、私一人が悠々として航海を楽しんでおり、この子は余程海が好きなんだろうと言われたそ

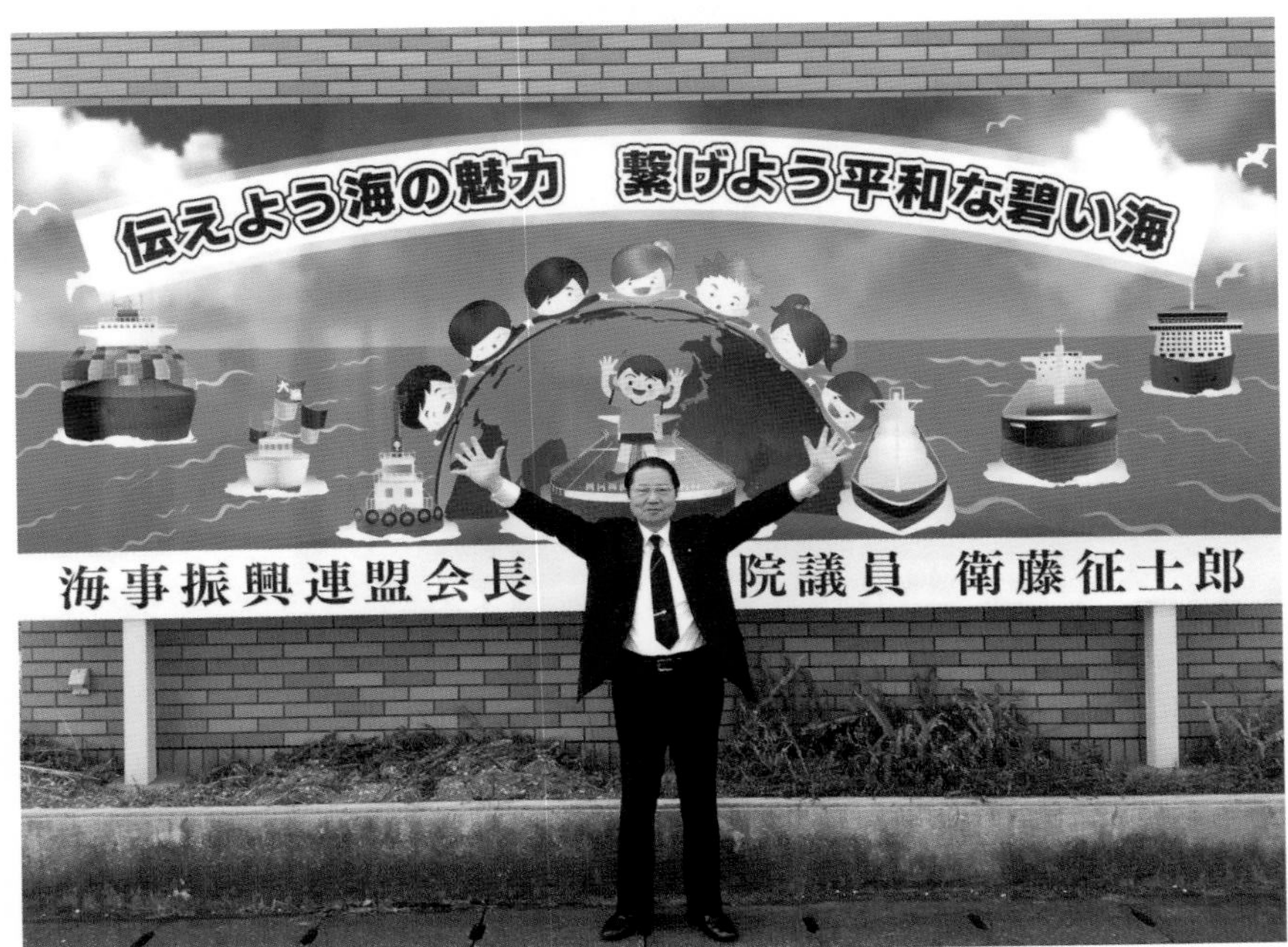
伝えよう海の魅力　繋げよう平和な碧い海
海事振興連盟会長
院議員　衛藤征士郎
玖珠町の事務所の看板の前で

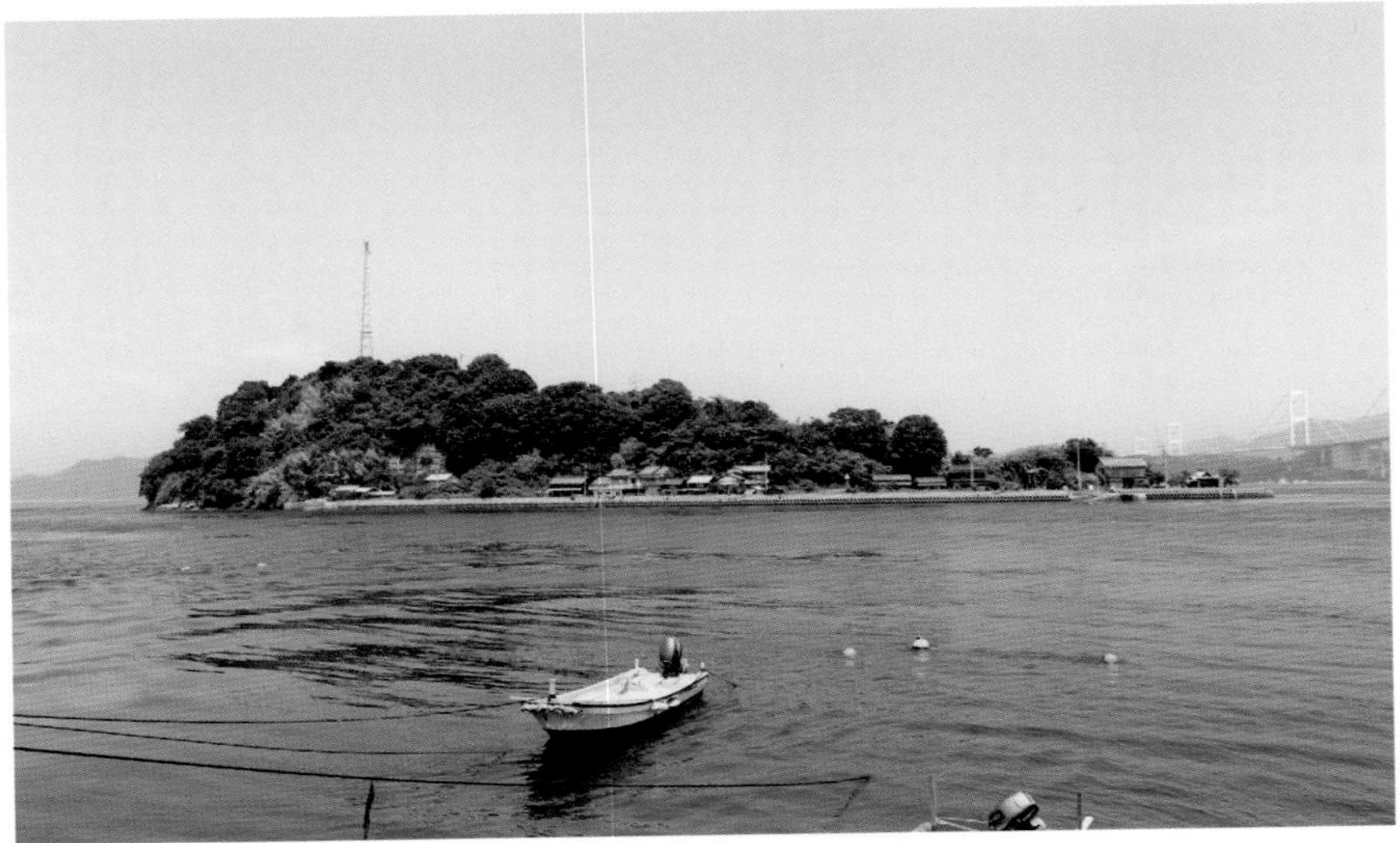
来島

うです。

引き揚げて来た実家は海から遠い山の中、すぐ上の兄は高校を出ると、口之津港の海員学校を志望し、その後、日本郵船に入社しました。当時のニューヨーク航路に乗ると度々絵葉書をくれました。

大航海時代に海へ乗り出した航海者の中にはマゼランなど大西洋とはるか遠く離れた内陸の出身者がいるそうです。見果てぬ海に思いを馳せたのでしょう。山奥暮らしの私や兄が海へのロマンを膨らませたのは同じような理由かもしれません。

海の魅力は、あまりにもたくさんあってとても語り尽くせません。例えば、海の景観の美しさ。瀬戸内海や九十九島の多島美、沖縄のビーチなど、日本の津々浦々に人を引きつける海の景観があります。海から昇る日の出や、海に沈む真っ赤な夕陽に感動しない日本人はいないでしょう。

日本は領土だけでは世界で六十番目の小さな国ですが、領海など含めると世界で六位の大国になるのです。その広い領域に、エネルギー、食料、鉱物資源といった、わが国の将来の資源問題を解決し、富を生み出す源が眠っているのです。私はこのことを「シー・パワー」(Sea Power)と呼んでいます。

日本は周囲が海に囲まれた島国ですから、海外との貿易は、外航海運か航空か、のどちらかです。飛行機は軽い物しか運べませんから、量では圧倒的に海運が多いのは、当然でしょう。貿易量では九九・七%、貿易額では七七%が外航海運によるものです。外航海運は、日本の経済や国民生活を支える基盤です。

国内に目を転じても、内航海運が国内物流の約四割を担っています。特に、産業基礎物資と言われる鉄鋼や石油、セメントなどにいたっては、約八割もの輸送シェアが海運になります。まさに日本経済の大動脈と言っていいと思います。

しかし、今、海運に大きな問題があります。船齢が十四年以上の船が七割もあります。その上、船を動かす船員も、高齢化が進んでいます。

確かにベテランの船員は頼りになりますが、いずれ引退する時期が来ます。そうしますと、近い将来、船員不足が懸念されます。船員がいないと船が動きません。ですから、若い多くの皆さんに海に興味と関心を持っていただきたいのです。

日本は海洋国家であり、美しい島国です。そのうち、離島と本土とを結ぶ唯一の交通手段で、赤字となっている航路が百二十ほどもあります。こういう航路は、島民の生活にとって不可欠ですから、赤字だからと言って、廃止、撤退というわけにはいきません。通常の企業活動とは違い、海の交通は公共的な色彩をもっているのです。

幸いなことに、今でも、日本人の多くは海によいイメージを持っています。ある調査によると、「海が好きですか」の問いに対して「好き」と答えた人は七割もいます。やはり、日本人は生まれつきの海洋民族なのでしょう。全国の少年・少女たちに「海に親しみ」、「海に学び」、「海に鍛える」をモットーとして設立されている海洋少年団という団体があります。まずは、皆さんに海への興味・関心を持ってもらいたいと願っています。

（衆議院議員・海事振興議員連盟会長）

商船学校の練習船「海王丸」の前で

私と海

前田万葉

私は五島列島の生まれです。島での生活は遊びから仕事、家の手伝いまで、すべてが漁業とは切り離せません。私も小さい頃は漁師になると思っていました。同時に、学校で先生から「将来何になりたいですか」と聞かれると、ほとんど男子は「神父様になります」と答える土地柄でした。私は神父の道を選びましたが、今でも時間さえあれば舟を海に漕ぎ出したくなります。釣果があってもなくても海は心を癒してくれます。

私は中学生になると親元を離れて長崎の神学校で勉強しました。その時の一番の楽しみは父親からの手紙でした。手紙には父の作った俳句や短歌がありました。現在、私が俳句を作るようになったのはそのお陰です。俳句を交えながら私と海についてお話をしましょう。

虐(いじ)めとは違うよ海の洗礼日

六十余年前、故郷の仲知(ちゅうち)小・中学校は、夏休み開始日が学校の「海の日」でした。海難事故防止のため、仲知・真浦(まうら)の浜（我が家の前）で水泳訓練が行われていました。小学校一年生は、中学生たちに浜辺から沖に連れて行かれて、放り出されます。大概の者は自力で辺(へた)（海辺）に辿り着けなくて溺れてしまうのです。一度溺れると泳げるようになります。これが仲知式水泳訓練でありました。スパルタ式ではありますが、決してイジメではありません。

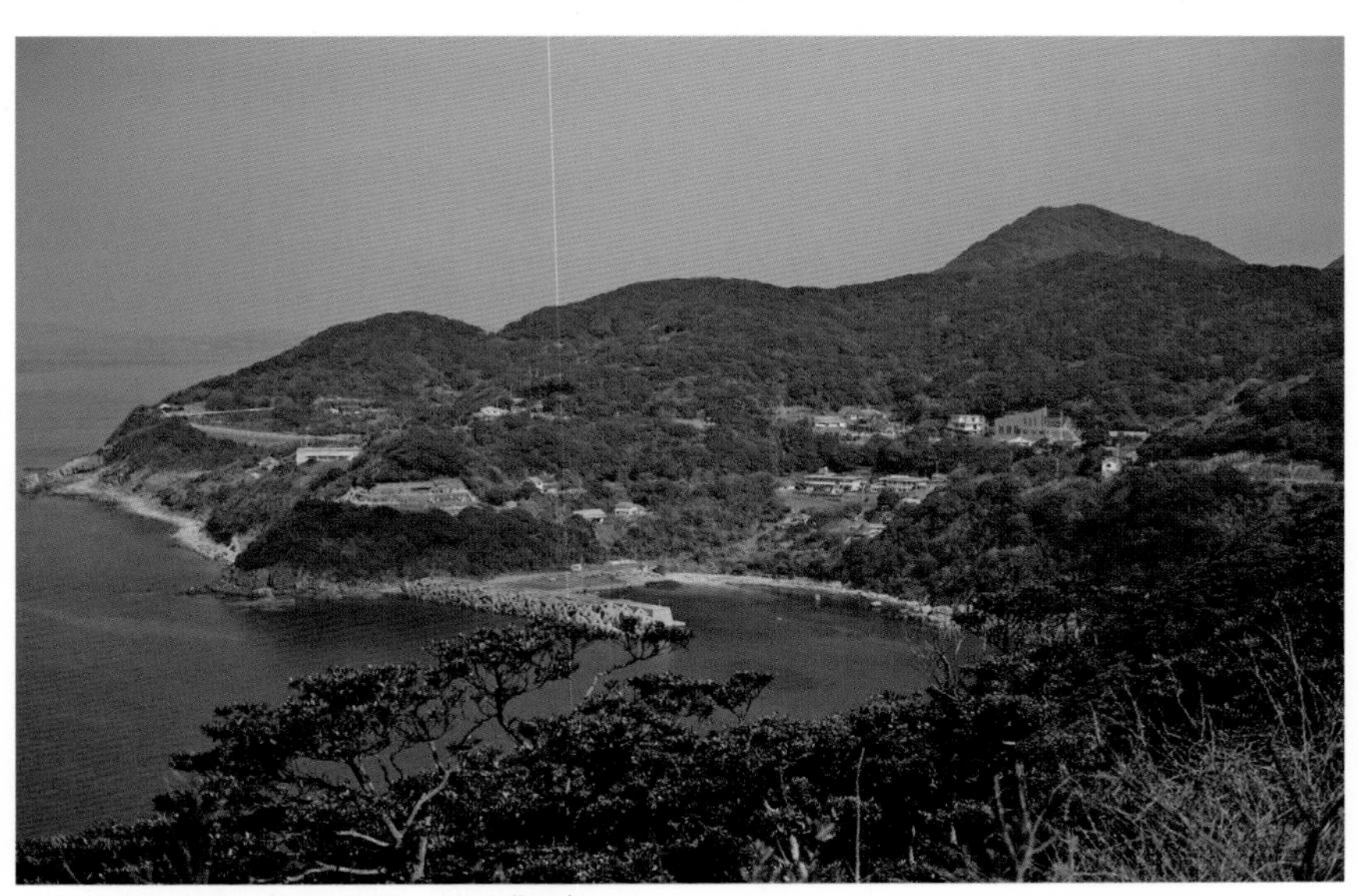

新上五島町仲知（写真提供：松田典子）

私も例に漏れず、突然、数人の中学生から伝馬舟に乗せられ、数十メートル沖で海に放り出されました。数メートルは犬掻きで泳いだと思います。しかし、当然のように溺れてしまいます。必死に泳いでも沈没が始まったのです。その時、中学生たちが私の両腕を支えては外し、支えては外ししながら、辺まで介添えしてくれたのでした。一度この訓練を受けると、ほとんどの子が泳げるようになりました。泳げるようになったら、海の獲物獲りが始まります。

日曜のミサよりサザエ獲りたしや

泳ぎを覚えたてのころは、先ず辺でミナ貝やタコなどを獲ります。少し自信がついてきたら、真浦の浜の十メートルぐらい沖合いで主にサザエを獲ります。小学高学年ぐらいになったら少し離れた岩場に行って、ハコフグやカワハギ突きをします。これに自信がつくと当然のごとく冒険がしたくなります。

小学五年生だったと思います。夏のある日曜日が大潮と重なりました。近所同士の仲良し三人組は、日曜のミサを抜け出して、誰一人見ていない真浦の浜から伝馬舟を出しました。真砂石の浜をそろりそろりと舟を下ろし、隠れるようにして沖に漕ぎ出したのです。目指すは「四つ瀬」、仲知一のサザエの宝庫です。小一時間ぐらいかかりました。潜ってみると、いるはいるはサザエが、まさにゴロゴロしていました。昼ごろには舟の両生簀(いけす)は山盛り一杯になりました。水棹(みざお)*1にジバン*2を結び付け、「大漁だ！大漁だ！」と打ち振りながら帰路につき、真浦の浜近くではそろりそろりと着岸したのですが……。突然、黒い人影が現われ、「三歩以上駆け足！罰として『一本松』(仲知の東集落)の浜まで真砂石二つずつ取りに行ってきなさい。駆け足！」との号令がかかりました。号令主は神父様でした。

日曜の務めのつけや涸河童

灼熱の道を西の浜から峠を越え、東の浜までの往復を走る羽目になったのでした。しかも、帰り道は真砂石を二個持ってです。夕方まで聖堂の正門石段上から真浦の浜を向いて、その真砂石二個を両手で差し上げたまま立たされました。まるで陸にあげられ干からびた河童でした。

ありがたや秋の潮さま夫婦船

まだ神父になって数年、五島・久賀(ひさか)島の浜脇教会で二十歳代の頃の話です。海で遭難したことがありました。夜釣りの最中、エンジンが故障して海峡の潮鞘(しおざや)に入ってしまったのです。季節風にあおられた波と激流で船はままなりません。身も心も大自然と神に逆らっていたのです。「成るように成れ」後は神様まかせ。私は甲板の上に大の字になって寝てしまいました。

夜が明けると船は奈留島近くを漂流していました。一旦は満ち潮で沖に流されたものの、早朝

＊1 海底や岩にさして舟を操る棹
＊2 肌着

には引き潮で奈留島附近に引き戻されたのです。「早朝ミサに神父様が来ない」と、信者さんの夫婦船が全隻、私の捜索に出て来ました。

烏賊墨の一筋垂れて冬の弥撒(ミサ)

こんなこともありました。水烏賊の夜釣りに夢中になりすぎ、早朝ミサの寄せ鐘にあわてて教会に戻りました。顔も洗ってミサを始めたのですが、信者さんたちがクスクス笑っているような雰囲気です。ミサが終わり部屋に戻って鏡を見ると、なんと烏賊墨が額から垂れているではないか。信者さんたちと共に笑い合いました。

仕合わせの網を降ろすや海の日に

二〇一八年五月二十日の私の枢機卿親任発表から二週間後、二人の補佐司教任命が発表されました。二人の補佐司教叙階式と私の枢機卿親任報告ミサを七月十六日の海の日に行いました。二人の補佐司教と「お互いに生かし合い、大切にし合い、仕え合って」、仕合わせになろうと誓い合った時の句です。

海は私にとってはいつまでも心の故郷です。母なるいのちの海なのです。

（カトリック教会枢機卿、大阪教区大司教）

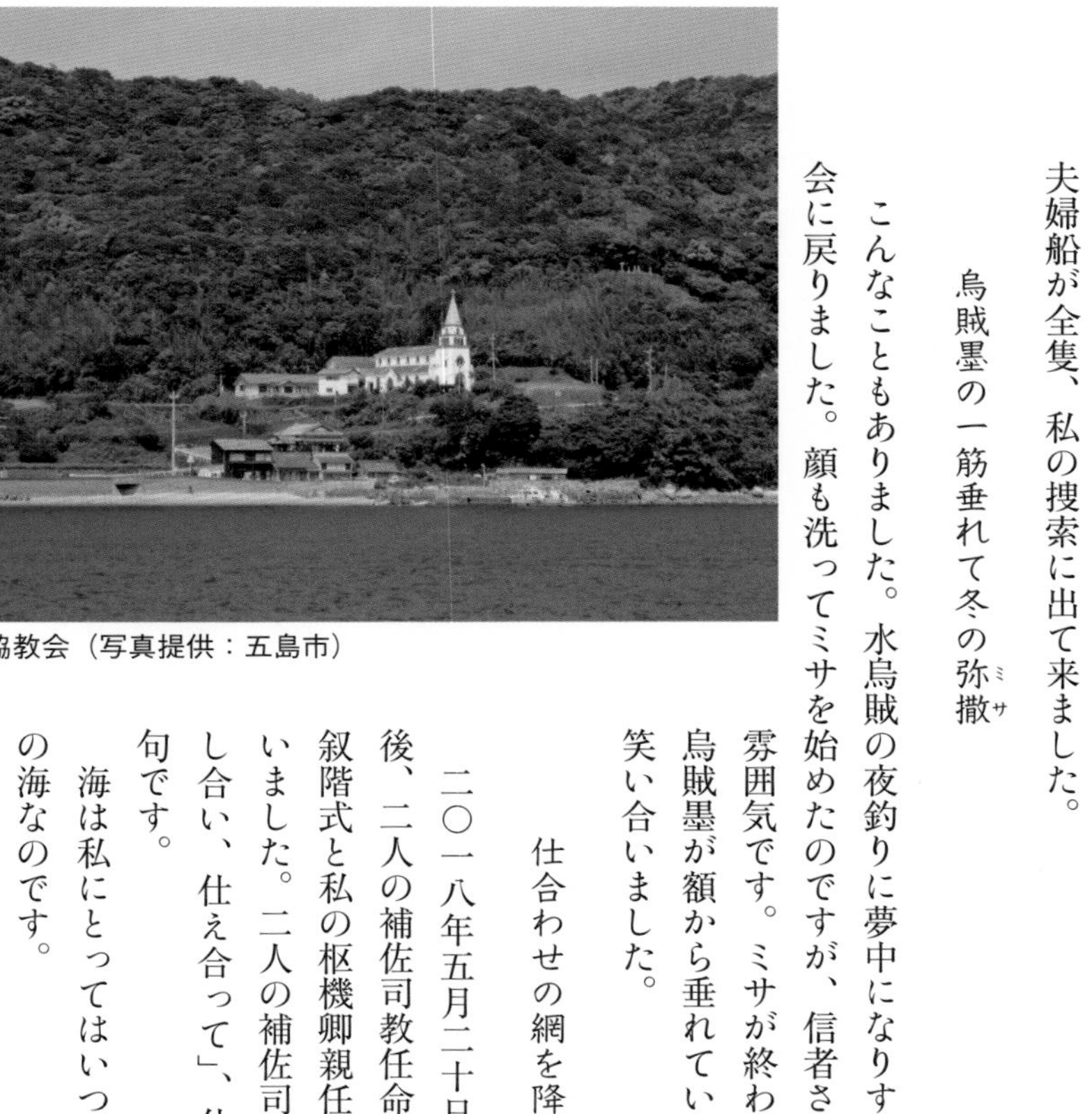

浜脇教会（写真提供：五島市）

やっぱり海が好き

室井　滋

私は富山県の海辺の町で育ちました。実家は、海岸沿いの旧国道で商売をしていて、二階の勉強部屋からも海が見えました。海に沈んでいく夕日が、一日の終わる合図でした。

今では厳禁ですが、私の小さい頃は海岸のテトラポットが遊び場で、足元の不安定なテトラポットの上を飛びうつりながら走ったりジャンプしたりして、大胆な鬼ごっこをしていました。今思うと、こうした経験が、体幹を鍛えバランス力を養っていた気がします。大人になって船に乗るようになったとき、どんなに揺れても踏ん張っていられたからです。

日本海は荒海です。それだけに海からの贈り物も豊富です。春先の蛍イカの「身投げ」は楽しみのひとつでした。産卵のために海岸近くまでやってきた蛍イカが砂浜に打ち上げられる状態を「身投げ」というのですが、このとき蛍イカはきらきら発光して、すごくきれいなのです。この幻想的な光景を見たくて、観光客も来るし写真撮影する人もいるし遊覧船も出るし、なかなか賑わいます。

高校生になると、学校をさぼって行く先は、海岸でした。友だちとの打ち明け話も、海を見ながらです。あるとき、蜃気楼を目撃しました。蜃気楼というのは、光が屈折して水平線上に幻が見える自然現象で、地元でもめったに見られないものですが、それを見てしまった！　けど、さぼっているから、見た、と言えない。苦しい思い出です。

そんな海育ちなのに、都会にあこがれて上京してからしばらくは、まったく海を忘れていました。海が恋しいと思うこともありませんでした。

「やっぱり海が好き」と気づいたのは、東京に住んで十年くらいたってからです。仕事もそれなりに順調だったのに、ある日突然、つまらなくなった。なんか物足りない。欠落感がある。魚もおいしくない。足りないのは海だ、と思い当たり、急に海が見たくてたまらなくなりました。

海に行きたい、おいしい魚が食べたい、と伊豆や房総に通うようになり、釣りを始めました。

大物狙いの釣りにワクワク

デッカイ海でシュノーケリング

休日には釣り船に乗って海釣りにいくのが楽しくて仕方ない。あげくにボートを買いたくなり、船舶免許を取得することにしました。せっかくなら一級を目指して猛勉強。一回目、筆記は通ったけれど実技で落ち、二回目に合格、小型船舶一級免許を取得することができました。

そして、ついに大きなクルーザーを購入。香港の海上生活者みたいに、船から仕事に通う毎日が始まりました。海の荒れないシーズンは、久里浜から電車で都心に行き、夜は久里浜に戻る生活です。ダイビングの資格もとりました。花火が降ってくるように見える船上から見上げる花火大会、夜光虫を観察したり、イルカと並走したり、行く先々でおいしいものを食べさせてもらい、ついでに銭湯に行ったり、釣った魚を料理したり、船で原稿書いたり勉強したりして、思う存分楽しみました。

もちろん、怖い目にも遭いました。ああ、もうだめだ、と思うことが何度かありました。遭難しそうになったこともあります。大きな波の上に乗りあげて一気にドーンと落ちる衝撃は忘れられません。

ただ、テトラポットのおかげか、どんな悪天候でも船酔いしないのが不思議でした。体が船に向いていたんでしょうね。船の上では厳しいルールがあり、遊びの中にもめりはりがあることを学びました。こうして海の生活を満喫しました。

たぶん、私の女優生活の中で一番忙しい十年余を、海で暮らしていたことになります。その後、猫を飼うようになって家を空けられなくなり、海から離れ、船も手放しました。

最近、また海に行きたくなって、よく出かけます。富山に帰ると、朝日町のヒスイ海岸に行ってヒスイを拾ったりしています。砂利浜が美しいところで、足裏でとらえる砂利の感触もミネラルたっぷりの潮風も快く、何時間でもいられます。以前とはまた別の形で、海とつきあっています。日本は海に囲まれているのだから、海に行かなければもったいない。若い人には、春夏秋冬、四季折々、時々刻々変化する海のさまざまな表情を知ってもらいたいです。身近な海に何回でも飽きるまで行くのもいいと思います。よくテレビドラマで海に向かって叫ぶシーンがありますが、アレです。とてつもなく大きいものが自分を受け止めてくれているという感覚を味わっていただきたいです。

　私が今病気一つしないのは、海の生活のおかげだと思っています。揺れる船上で作業をしますから足腰は強くなり、集中力も、自然相手の判断力もつきます。困難を切り抜けていくための強い気力と体力が鍛えられ、ある種の度胸がつきました。

　そのせいか、あるときから「か弱い女」の役が全然こなくなりました。ちょっと残念だけど、でも、海の中のお話、『ファインディング・ニモ』『ファインディング・ドリー』でナンヨウハギのドリーの声をやらせていただけるのも海とのご縁かな、と喜んでいます。だって、本当に私は「やっぱり海が好き」だから。猫も好きだけど。（談）

（女優・エッセイスト）

浦賀の船着場にて、ハイポーズ

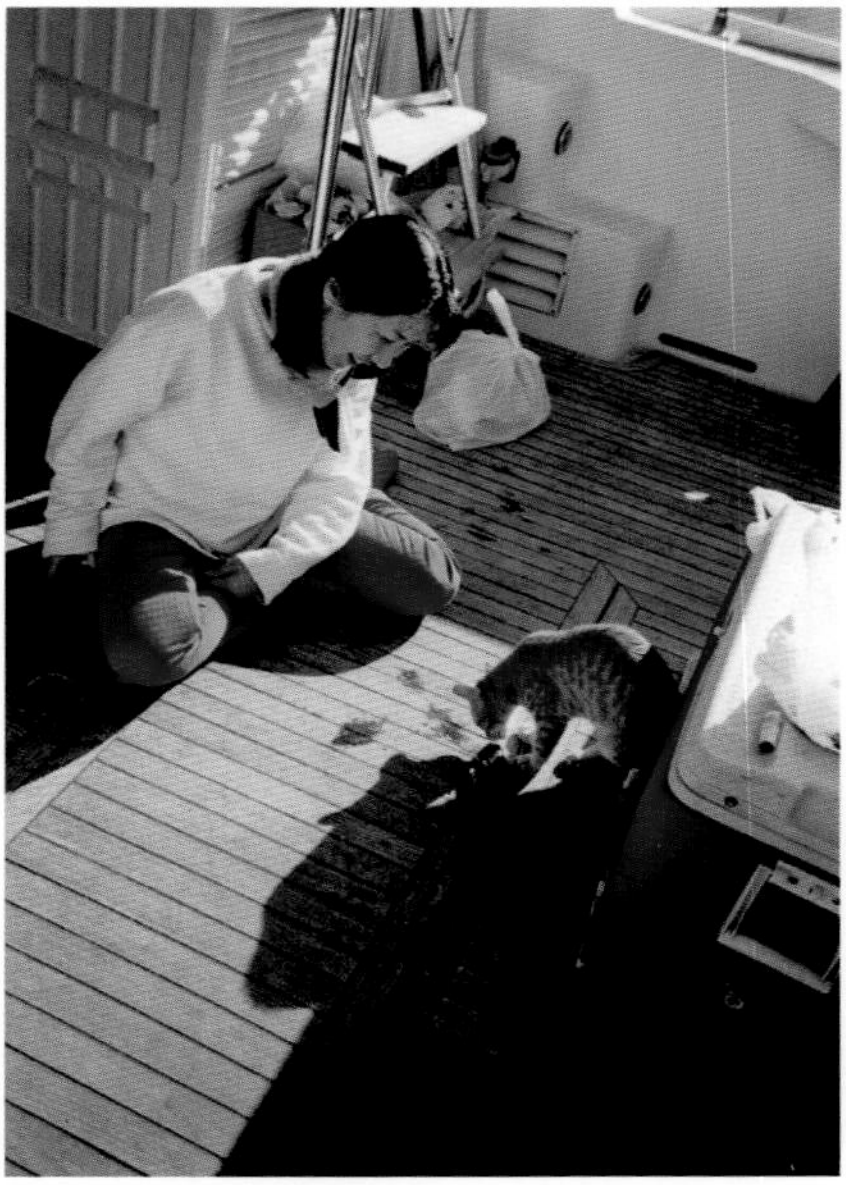

愛猫チビもお魚大好き！

異文化と真心

文・竜崎　蒼　絵・吉野晃希男

十七世紀におけるフランスの哲学者パスカルに曰く、「川のこちら側で正義と呼ばれるものは、川の向こう側では不正義と呼ばれている」という。これは異文化における価値観の相違を語った一節であるが、かつて文化を隔てる壁となっていたのは川のような些少なものであったことも物語っているのではないだろうか。

翻って昨今。航海技術や航空技術が飛躍的に発展した二十一世紀の令和という時代において、もはや果てしなく広がる大海原でさえも、異文化を遮る壁たり得なくなって久しい。

そんな今日に海で生きることを考えるのならば、異文化との出会いはもはや不可避なものだ。ならばこそ、自分と違う価値観があるということを認識することは良きにつけ悪しきにつけ必要となってくるのだろう。

そして、価値観の違いは時に大きな富をもたらすこともある。

一例は、松茸だ。いまや茸の王様といっても過言ではないこの高級食品は、中国では雑茸として扱われていたという。そんな雑茸を日本に持ってきたのならば、瞬く間に金の山に化けるのだ。あるいは、鮪。寿司の中で人気を誇る大トロや中トロは、しかし江戸時代においては脂っぽくて食べられたものではないと畑の肥やしとして捨てられていた。それが欧風の食文化に親しむにつれ今やこのネタを置いていない寿司屋を探す方が難しい。

上記の二例は日本に入ってくる輸入についてだが、逆のパターンもある。

例えばそれはフカヒレだ。中華の高級食材として名高いフカヒレはかつて日本においては食用ではなかった。ならば鮫を捕獲していた時これらの部位を捨てていたかというと、さにあらず。フカヒレは中国との貿易において日本の輸出物の主力を担っており、時には金や銀と等価の価値をもっていたのだ。

事程左様に異文化との出会いは時に新たな価値を創出するものだ。

私が今回挙げた例はあくまですでに過ぎ去った歴史であり、今からこれらの貿易業に従事したとしてももはや旨味は大きくないのかもしれない。けれども、もし第二第三の松茸を見つけることができれば。自分にとって当たり前にゴミ箱に捨てている何かが、実は金塊の山に代わることがあるというのは決してファンタジーではないのだ。

そして現代においては、そういった事例は貿易などの物品に留まらず、能力や感性といった分野でも例外ではないと私は信じている。

とはいえ感性というものは時に厄介なもので、異文化との出会いは素晴らしいものをもたらすだけではない。お互いの考えを甘受できずにカルチャーギャップが破滅的な結末を引き起こしてきたことは歴史を紐解けばいくらでも転がっている。

ならばこそ、恥を忍んで私の卑近な例を一つ、そんな悲しい歴史を繰り返さないための処方箋として紹介したい。

あれは、ヨーロッパを船で旅している時のことだった。

場所はドイツはミュンヘン。ある晴れた冬の寒い夜のことだ。かつてヒトラーが決起演説をしたということで有名なビアホールに立ち寄った私は、供される黒ビールの美味しさに魅せられ、しこたま痛飲していた。

体の火照りを冷やそうと会計を済ませ、夜のミュンヘンを歩いていた私は不意に催した。あたりを見回すと丁度公衆トイレが目に入り、足早にそこに向かった。すると、入り口に初老の男が座っているではないか。私はあまり余裕もなかったので、足早にその横を通り過ぎようとしたが、なんとその男は私を呼び止めるのだ。身振り手振りを見るにどうやらトイレに入るなと言っているようだ。そうは言われてもこちらも切羽詰まっているので、私は拙いドイツ語で彼に事情を説明しようとした。しかし、案の定というべきか、かじった程度のドイツ語では意思疎通できずに、彼は肩をすくめるばかりだった。次に私はまだしも自信のある英語で彼に話しかけた。しかし、結果は変わらない。そして、いよいよ切羽詰まった私は日本語で自らの窮状を切々と訴えてみた。

すると、言葉は通じなかっただろうに、男は半笑いの表情を浮かべると、トイレに入っていいぞとハンドサインを送ってきた。

後になってドイツの友人に聞いて知った話なのだが。

どうやらドイツでは公衆トイレは有料であり、係の人間にユーロを渡さないと使用できないらしいということを、なんとも情けない気持ちと共に知ったのだった。

さて、かように文化が違えば日常生活ひとつとっても思いがけない失敗の芽があるものだ。私自身、いい大人が異国の空の下で大惨事を迎えるところだった。そんな私を救ったのは外国語の文法ではなく、切羽詰まった真心だった。

あえて少々コミカルな例を挙げてみたが、将来海でたつきの道を開こうとするのならば、異文化との出会いは必ずあるだろう。そんな時に勿論、外来語の技術は必要になってくるが、それ以上に本当に大切なことは相手に己の意思を伝えたい、相手の意思を理解したい、という真心なのではないだろうかと愚考する次第である。

（もの書き）

海のファンタジー

黒真珠

詩・高梨早苗　絵・山﨑優子

遙か南太平洋の彼方に
ひときわ緑豊かな小さな島があった
島の少し沖には
大きな岩が立っていて
漁に出る船を　いつも見守っている

今日は船出の日
朝焼けの耀きに
海は金の粉をまき散らしたように
ゆらめいている

島中の人々が集まり
船出を祝う高らかな歌声と
無事を願う静かな祈りの声が
波のように　浜辺を満たしていた

人々とは　少し離れた岩陰で
島の若者トルトは
娘セフナの肩を引き寄せて別れを惜しんでいる

「南海に深く眠っている真珠を見つけてくるよ
大きな黒真珠を
君への婚約のしるしに」
そう囁いてセフナを強く抱きしめた
するとセフナは
若者の胸に顔を押し付けて言った
「いいえ　トルト、深海に潜ったりしないで
どうか無事に戻って来て」

ひと月余りの間
老人や女たちが島や子どもたちを守った
船が帰れば
トルトとセフナの
島を挙げての婚礼がある

しかし
島中で待ちわびた　帰港するはずの日
何隻か出た漁船のうち
トルトの乗った船だけが帰らなかった
漁のさなか
突然の嵐で転覆し
乗組員は他の船に救助されたが
トルトだけが
行方知れずになってしまったのだった

セフナは毎日浜へ出て
泣きながら若者の帰りを待った
「トルト　どうか帰ってきて……」

何ヶ月も月日はたち
トルトの捜索も打ち切られて
明日は
次の出港があるという日

その日も
どこまでも青い海を見つめて
セフナはひとり浜に立っていた

そのとき
沖の　あの立岩に
どこから来たのか　見たこともない
一羽の大きな黒鳥が止まった
そして
浜辺の上に羽ばたいて来ると
何と　その嘴から
佇むセフナの前に
涙の形をした黒真珠を一粒　落としたのだった

すると突然
にわかに空は暗雲立ち込め
まるで嵐の前触れのように
強い風が音を立てて浜辺を襲い
海はうねり出した

驚きのあまり　立ちすくむセフナ
はっと我に返り
セフナは黒真珠を拾って握りしめると
旋回して去ろうとする黒鳥に向かって叫んだ
「待って！　待って！　あなたはトルトなの？
どうか行かないで！」
セフナは泣きながら
波打ち際に駆けてゆくと
荒海に身を投げ出し　高波にのまれていった

それを見た黒鳥は
娘を救おうとするかのように
激しい勢いで
一直線に海の中に潜っていった

しかし　それきり
もう二度と
セフナも黒鳥も
姿は見えなくなってしまったのだった

それからは
船出の前日になると
時折り
沖の立岩に二羽の黒鳥が
身体を寄せ合って島の方を見ていることがある
すると　不思議なことに
翌日は必ず嵐になった

島民たちは
トルトとセフナの魂が
嵐の来ることを報せに来ているのだと信じた

そして
沖の立岩に黒鳥が来る日には
決して船を出してはいけないと
そう言い伝えられた

あの日
黒鳥になったセフナが握りしめていた
涙のような黒真珠は
南洋の海の底深く　深く
今でも
静かに眠り続けている

サバニと進貢船

又吉栄喜

少年のころ、夕暮れ時浜に少しずつ近づいてくる墨絵のようなサバニや明け方の曙光を浴び出漁するサバニや守り神のように家の砂混じりの庭に置かれたサバニをよく見た。…私の家にはサバニのミニチュアがあった…。

このような何とも言えない崇高な風景が忘れがたく、若いころ、糸満のサバニ工房を二、三度訪ねた。私の先祖が漁師だったわけではないが、サバニ漁にひきつけられるようになった。サバニは明治時代、糸満の漁師が考案し、沖縄中に伝わり、漁場や漁法に合わせ、少しずつ改良されている。

全長はわずか数メートルしかないがスピードがあり、帆を上げるとたぶん並みの定期船も追い抜くし、珊瑚礁の浅いところでも座礁せず、巧みに浮き、悠然と進むサバニは沖縄の海に完璧に合っていると思う。

漁師は海の天候をラジオの天気予報よりも正確に当てると少年のころ、漁師にあこがれていた先輩からよく聞かされた。しかし、海の天候は変わりやすく、漁の途中、突然嵐に遭遇する。このとき、漁師は自らひっくり返したサバニに体を縛り付け、何時間も何日もじっと耐える。漁師に定年はなく、サバニから飛び込み、サバニに這い上がれなくなった時が引退の潮時だという。

私の処女作「海は蒼く」（一九七五年）は海上に浮かぶサバニが舞台になっている。

帆かけサバニ

真夏の真昼、サバニに乗り込んでいる老漁師と女子大生はサバニ、海水、珊瑚、魚、太陽、雲と混然一体となり、「近代」に傷つけられた女子大生は（本人は自覚していないが）一種の悟りを得る。

琉球の祈りが誕生したのは海辺ではないだろうかと思う。本土は高い山に神（仏）の姿を見つけ、山岳信仰が多いが、広大な海に囲まれた小さい琉球は神（仏）の姿が海に現れたのではないだろうか。

沖縄には古くから海のかなたから様々な幸が寄ってくるというニライカナイの思想がある。幸は大陸から寄ってきたし、漁も幸だろうし、人の心を豊潤にする海の神秘も幸ではないだろうか。

古歌謡「おもろ」の気宇壮大な歌に若いころから興味を抱いている。琉球

浦添城跡

人の魂のよりどころのようなおもろには造船、貢租、貿易、航海などが多く歌われている。

家から二キロほど先の高台にある浦添グスク（城）でも少年のころよく遊んだ。一三〇〇年代末期、このグスクに君臨した中山王・察度が（やはり少年のころの遊び場の亀岩という海浜に近い）牧港の港から通訳、特使、船人、技術者、留学生などを乗せた進貢船を中国に派遣し、後年、南蛮貿易、朝鮮貿易、堺や博多との貿易も始めたという。

「唐船ドーイ」という軽快な琉球民謡がある。旧盆のエイサー踊りなどでもよく歌われている。唐（中国）から宝を積んだ、光り輝くような船が那覇の港に戻ってきたときの人々の驚喜、港の賑わいを歌っている。

何年か前、「琉球の風」というテレビの大河ドラマがあり、進貢船が行き来する那覇の港の風景のセットが読谷村の海岸に造られた。一隻の（当時の実物を縮小したとは思うが）立派な進貢船が浮かんでいた。琉球史を学んだせいか進貢船に強い愛着を抱くようになり、何度か足を運んだ。

中国から渡来した、各種の知能や技能に秀でた集団の中にいた造船専門の人たちが当時の琉球の人たちに造船技術を教えた。

那覇の久米村に住み着いたこの知能技能集団の人たちは久米三十六姓と呼ばれた。私の母は首里（下級）士族の子孫だが、昔、首里士族は久米（那覇）士族と深い交流があったという。もしかすると母の先祖の知人の中に造船技術者も船乗りもいたのでは、と想像をたくましくする。

コロンブスやマゼランの時代を世界史では大航海時代と名付けているが、サバニ漁と進貢船交易が国を栄えさせた琉球は昔も今も大交易時代だと言える。

（二〇一九年十月の炎上前の）首里城には瓦、朱色の漆、多大な宝物が詰まっている。

進貢船

海を渡ってきたものが、風土に合わせ、見事に形を変えている。「（航）海」が詰まっているとも言える。

首里城の復元が着々と進んでいるが、私は（今はむつかしいだろうが、将来）琉球王国（ひいては琉球の膨大な文化）を成立、繁栄させた進貢船も復元させ、沖縄の近海を悠々と航海させて欲しいと願っている。

（小説家）

セーリングから海を学ぶ
TOKYO2020オリンピックを終えて

芝田崇行

君は海が好きだろうか？

もし君が世界で活躍する人間を目指すなら、海からの「学び」は、君が人生を歩む上で絶対に必要となる。

私は、セーリングを通じて様々な人と出会い、海や風、波や潮から学び、時には歓喜し、時には恐怖しながら、海は何も言わずに大きな原理原則を教えてくれた。

私は、幼少の頃から毎週末父親に手を引かれ、海に連れ出され釣りをしていた。今は古稀を越えた両親と、その時に釣り上げた大物の話が昨日の出来事のように話し盛り上がる。中学に入ると父親の勧めでヨットを習い始めた。一人で船を操り、風と波を乗りこなしながら颯爽と海の上を走る気持ち良さはすぐに私の生活を変えてしまった。どうやったらもっと速く、楽しく、気持ちよく乗れるのか？と、それはあたかもヨットとの恋に落ちてしまったかのように、寝ても覚めても海のことばかりを考え、海の近くに住んで毎日船に乗っていたいと真剣に考えていた。大学に入学しヨット部に入部後、四年間は全日本での優勝を目指して仲間とともに切磋琢磨をする日々を過ごした。社会人になってからは仕事をしながらセーリングを続ける日々だった。

私が所属する「江の島ヨットクラブ」は一九六四年に開催された東京オリンピックのホストクラブとして設立されたクラブである。その江の島が二〇二〇年に開催される二回目の東京オリ

海に向かう選手を手伝うボランティア（TOKYO2020 セーリング競技）

ンピックでもセーリングの競技会場として選ばれたことが決定したのが二〇一五年六月。私は誇らしい気持ちと共にオリンピックでは何が起こるのか全く想像ができなかった。セーリング競技は近代オリンピック第一回アテネ大会（一八九六年）から採用されている伝統的な競技であるが、第一回大会では悪天候のため中止、第二回パリ大会（一九〇〇年）から実施された。三十二回大会までに同じヨットハーバーで二回の開催となるのは、フランスのル・アーヴルとドイツのキール、そして我が国の江の島の三箇所のみとなる。

セーリング競技はオリンピック全競技の中で唯一、本番大会の二年前からテスト大会が行われた。海の競技は気象状況や施設の規模の関係上、通常競技は前年に一度だけテスト開催される

セーリング競技には65ヶ国が参加

のだが、セーリング競技だけは二回開催される。その中で様々なことがシミュレーションされ本番大会に対策が備えられることとなった。私はその準備段階から大会役員として参加し、主にボランティアの方々を統率しながら、選手の船がハーバーから出てレース海面に向かう「出艇」、及びレース海面からハーバーに戻る「帰着」を担当し、ボートパーク全体を管理する「ビーチマスター」の役割として任務をおこなった。事前の準備を万全に整えて臨んだ二〇二〇年であったが、COVID-19の世界的な感染拡大により大会は延期され、開催は翌年に持ち越された。どのような環境であっても与えられた環境でベストを尽くし、安全に任務を遂行することが求められる海の活動の常識の中でも、東京大会のセーリング競技が直面する様々な問題は海をよく知る大会関係者達を大いに悩ませた。しかし、多くの方々の協力により事故なく無事に大会は開催され、世界中のトップセーラー達からもその運営に対する称賛を多く集め大会は終了することができた。残念ながら日本選手はメダルを獲得することができなかったが、イギリスを筆頭にオランダ、フランス、ドイツなど、ヨーロッパの国々が多くのメダルを獲得した。その強さの源は、セーリング技術の上手さだけではなく、海を愛する心とセーリングを支える文化の差が大きくあることが感じられた。我が国が海に囲まれ海洋国家として恵まれた環境であるにも関わらず、子供の頃から毎日のように海に親しみ海から学び、船を乗りこなす文化が日本にはまだまだ乏しいのかもしれない。いつか日の丸を世界の海に掲げる日を夢見て、今後も日本人がセーリングを通して尊敬されるような国にしていきたい、そんな思いを二〇二〇東京大会は私の心に残した。

「人生はセーリングのようなものだ。あらゆる風を使ってあらゆる方向に進むことが出来る。」

アメリカ人ロバート・ブローの名言である。

セーリングでは、追い風のときはセール（帆）をいっぱいに広げてその風を受けて風下に向けて走ることとなる。風に向かって直接走らせることはできないが、斜め前からの風をうまく利用し、逆風さえも前進させる力に変えて走ることが出来る。それは、その逆風が強ければ強いほど船が倒れないように全身を利用して船のバランスを取り、セールを操作するロープを力いっぱいに引っ張りながら走ることとなる。横からの風、斜め後ろからの風、強い風、弱い風、あらゆる風に対応させながら、自分の行きたい場所へと船を向け走ることが出来る。

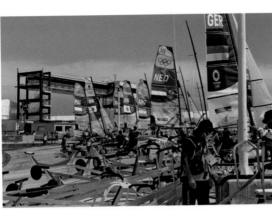

船台を整理するボランティア

もし君が世界で活躍し、大きな人間になることを目指すのなら、今すぐ海からたくさんのことを学び取ることを勧める。その期待を海は絶対に裏切らない。むしろ、想像していた以上の学びを何も言わず君に教えてくれるだろう。

（一般社団法人 江の島ヨットクラブ 理事）

海を渡れば……

石原良純

初めて艇(ヨット)に乗せてもらい外洋へ出た時のこと。艇は伊豆七島の一つ、利島の横をゆっくりと南へ下っていた。利島は海からポッコリと突き出た、おむすびのような型の島だ。四方は切り立った崖になっているが、北岸になんとか小さな港が整備されている。

ふと見上げた島の頂。高さは約五〇〇メートルぐらいだろうか。その山頂に、ポカリと雲が浮かんでいた。

子供の僕にとって不思議でならなかったのは、艇は風に押されて動くのに、山頂の雲はジッと動かないこと。雲だって風に乗って流れていくはずではないか。

そんな子供の頃からの謎が解きたくて、僕は気象予報士になったようなものだ。気象予報士になれば、科学が謎を説明してくれると森田正光氏から助言されたからだ。あの海から出された問題を三十年の時を経て解き明かすことができる。僕にとって気象予報士の教科書のページをめくることは、次から次へと新しい知識が現れる、おもちゃ箱をひっくり返し目当ての宝を探す楽しい作業だった。

そして、気象予報士の資格を得たことで、僕の活躍する場は大きく広がった。大海原に乗り出せば、陸では決して味わえぬ経験ができる。そんな経験が思わぬところで自分に役立つこともあるようだ。

親父の愛艇コンテッサ10世で相模湾を往く

艇から陸地を眺めると、僕はいつも陸地が凄く小さなものに思えてくる。自分が暮らす街には大きな建物が立ち並び、街を出れば山が聳える。でも、その景色も海の上から見れば、ランドマークと思えた建物も山も目立たない、真っ平らな景色に見える。水平線まで広がる海の大きさに圧倒されるからなのだろう。

そんな時、僕は自分の手にあまる大自然に感動すると同時に恐怖心を抱く。

期待に胸をはずませて小さな入江から艇で乗り出すと、岬の突端で、ふと我に返ることがある。今まで聞こえていた浜の騒めきや磯に砕ける波の音が消え、セールを膨らませる風の音と舳先が波を切る微かな音だけが聞こえる。今ならまだ引き返せる。でも、ここから先は風まかせ、波まかせ。一つ間違えば人知の及ばぬことが容易に起こる領域だ。ポツンと大自然に放り出された孤独感が湧いてくる。ほんの少し海に出るだけで、人は大自然の奥深さに触れることができる。

夜の海を人はロマンチックと思うかもしれない。でも、大海原の真っ只中で迎える夜の闇は、恐怖に他ならない。ただじっと船べりに身を寄せて、朝日が昇るのを待つしかない。東の空がほんのりと明るくなり、ようやくオレンジ色の太陽が水平線から顔を覗かせた時、「ああ、今日も一日が始まる」と当たり前のことに感動したりもする。

近年は、海と僕の距離は随分と離れてしまった。艇に乗るどころか海に泳ぎに行くことさえなくなってしまった。それでも、年に一回は必ず、頭の天辺からつま先まで海に浸かると決めている。コロナの影響で、特に海へ出かけることが憚られた二〇二一年の僕の海水浴は、僅か十五秒だった。海辺の駐車場に車を駐めて砂浜へ駆け出し、ザブンと海に浸かって帰ってきた。それでも僕は大満足だ。体の細胞一つひとつが海水から何かしらのイオンを吸収して元気になった気がする。海は正しく全ての生命の源であることを、人間の体は知っているのだろう。

以前はよくスキューバダイビングに海へ出かけた。色とりどりの魚が泳ぐ、陽の光が届く深さを超えると、海中はモノトーンな世界になる。更にその下には群青色の深みがどこまでも続いている。ジッと目を凝らしていると、群青色の闇がこっちへ来てみろと手招きしているような気がしてくる。これぞ、海の魔力。そんなものにノコノコと付いて行ったら死んでしまうに決まっている。海には、神の領域へ続く扉がいたる所に存在しているようだ。

日本は四方を海に囲まれている島国だが、同じ島国であるイギリスのような海洋国家ではない。それは、大陸の東側に位置することで複雑な気象条件を生み、航海するのに難しい海を作り出し

足元にどこまでも群青色の海が続く

ているからだ。地図を開いてみると、日本の周りには、遠州灘、玄界灘、響灘と太平洋にも日本海にも内海にも難しい海が存在する。

それでも先人達は、海へと乗り出して行った。海を渡った先に、何かがあると信じていたから。航海技術が格段と進歩した現代社会ならもっと容易に海へ出られる。海へ出れば、海に出なければ知りえない何かが見つかる。

（俳優・気象予報士）

海のロマン

山田三郎

私は大阪泉州の海辺に近い半農半漁の村で生まれました。現在の大阪府阪南市です。子どもの頃、よく海辺に立ってこの海は何処まで続くのだろうと考えていました。小学校に入るとそれは大阪湾に注ぎ、やがて太平洋と一体となることを知りました。この目の前の海がアメリカやヨーロッパ、南米大陸、アフリカ大陸につながっていると知った時には胸が躍りました。

青年期に出会った教えが黒田如水の「水五訓」という教えです。黒田如水は元々の名は孝高（よしたか）。豊臣秀吉に仕えて通称官兵衛で知られます。少し前にNHK大河ドラマ『軍師官兵衛』で有名になった人物です。剃髪後の号が如水です。

皆さんは、これからも「水五訓」に触れる機会がないと思いますので、五訓と少しその要約を説明しておきます。

「水五訓」とは

一、自ら活動して他を動かしむるは水なり
二、障害にあい激しくその勢力を百倍し得るは水なり
三、常に己の進路を求めて止まざるは水なり
四、自ら潔うして他の汚れを洗い清濁併せ容るるは水なり
五、洋々として大洋を充たし発しては蒸気となり雲となり雨となり雪と変じ霰（あられ）と化し凝（ぎょう）しては玲（れい）

瓏（ろう）たる鏡となりたえるも其性（その）を失はざるは水なり

——泉から湧き出た水は尽きることはない。豊かな水は自らを動かし、他を動かす。水の流れは止まることなく、湧き出た水は自ら道を切り開き、やがて大河となって大海へ注ぐ——。とてもロマンにあふれる教えと思いませんか。私が設立した泉陽興業株式会社の社名の由来でもあります。

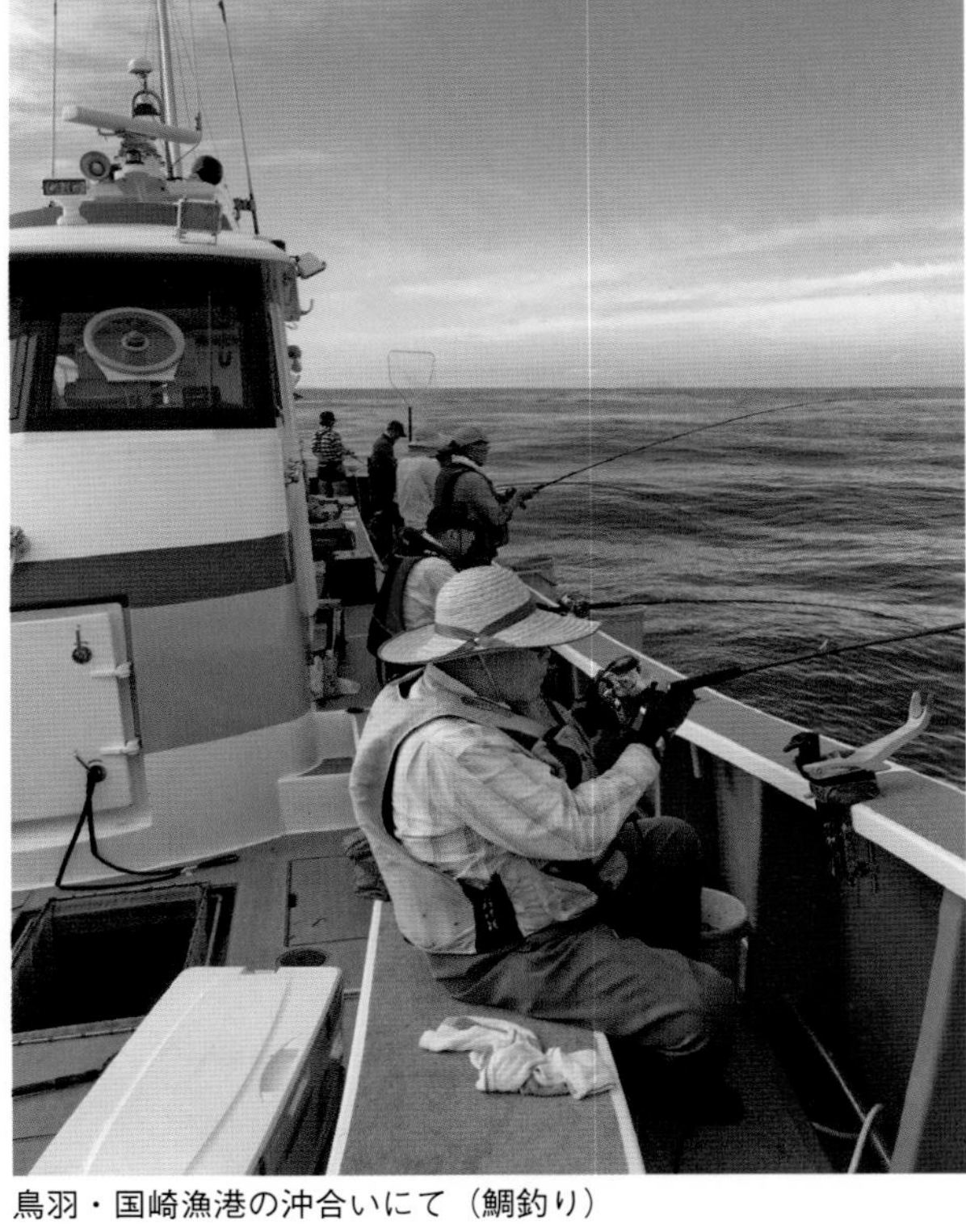

鳥羽・国崎漁港の沖合いにて（鯛釣り）

　グローバルな時代です。世界平和を守るためにも世界を知らなければいけません。旅行で表面的なことだけを知るのではなく、豊かな国、貧しい国、最先端をいく文化国の文化も土俗的な文化を知ることも大切です。そんな時「水五訓」には自分を知り、相手を理解するヒントがあります。

　時間があるならば、飛行機より船を選ぶべきです。一足飛びに刻まれる記憶と刻一刻と心に刻まれる記憶は大きく異なります。

　私は事業が成功し大きくなって余裕が生まれた時、小

クルーザー「泉陽」を係留する高石マリーナにて

さな船を地元の漁師にプレゼントしました。その代わり私が釣りに行きたいと言った時は、サービスでその船を出してもらって釣りを楽しみました。海はいつ行っても心を豊かにしてくれます。今、私の楽しみはクルーザーで海に出ることです。私の専用車の歴代運転手は車の免許だけではなく、小型船舶操縦士の資格も持っています。水陸両用の運転が私の運転手の必須条件です。仕事がたてこんでも無理にでも休日を作って、自分の船で太平洋へ出掛けるのです。これは気分転換に最高です。

三十代の時に一級小型船舶の免許を取りました。自分のクルーザーでもやりますが、漁師さんと二人で、串本あたりの沖へ何キロも出て、主にトローリングをやります。カツオ、ハマチ、メジロにアジ。漁師さんがポイントを教えてくれるので、いつもよく釣れます。心は大海原にありますので、岩場での釣りは、滅多にやりません。

海は決して甘く見てはいけません。釣りに夢中になって鳴門の渦に巻かれて恐ろしい思いをしたことがあります。幸い船が大きかったので命拾いしました。これ以外にも大型船はゆっくり走っているようですけれども、近くに行くとスピードが速く吸い寄せられていくのです。

私は二〇二一年の四月に横浜に日本初、世界最新の都市型循環式ロープウェイ YOKOHAMA AIR CABIN を弊社単独の民設民営にて開業しました。JR桜木町駅前と新港地区の運河パークとを結び、よこはまコスモワールドやワールドポーターズ、ハンマーヘッド、赤レンガ倉庫など、

日本初の常設となった世界最先端の都市型循環式ロープウェイ「YOKOHAMA AIR CABIN」

みなとみらいを代表する観光スポットの空からの景色を楽しんでいただけます。新たな横浜・みなとみらいの魅力を創出すると信じています。あの地区に今も存在している世界最大の時計型大観覧車「コスモクロック21」も、私の手掛けた仕事です。

学生時代に一度だけ体験した夏休みのアルバイトは大阪市北区にある阪急百貨店の屋上遊園地でのミニチュア電気機関車の運転手でした。その時出会った親子の喜ぶ笑顔が忘れられず、その笑顔が私の遊園地施設事業家としての原点となりました。

幼児からお年寄りにいたるまで、あらゆる年齢層の方に安らぎと潤いの場を提供する。それが私の仕事で、天職と受け止めています。だからこそ、情熱とロマンを常に持ち続けるよう心掛けているのです。

母なる海は数々のロマンを秘めています。多くの若人が海に思いを馳せて欲しいと願います。　（泉陽興業株式会社代表取締役会長）

クジラと泳いだ思い出でコロナを乗り切る　大貫映子

ウ

オオ〜〜ン

ン〜ンギギギ〜…

ホエールスイミング三日目。トンガ王国のババウ島（首都があるトンガタブ島からさらに四〇〇km）。

口真似はできても、なんとも文字で表現しにくい、地響きを伴うような音を海の中で聞く。クジラの声だ！　英語でクジラの歌（Whale song）というらしいけれど、歌というか、唸り声というか、吠えているようにも聞こえる。

興奮して、シュノーケリングを口にくわえながら、水中にもかかわらず「うぉー！　すごい〜!!」と思わず叫ぶ。引率している海人（うみんちゅ）くらぶの会員さんたちに、アイコンタクトで確認すると、マスク（水中メガネ）越しに目を丸くして、うんうんとうなずく。

群青色の深い底に、さらに濃い色の物体が優雅に横移動している。ガイドさんに水面にいるように言われているのに、一気に潜って声の主に少し近づいてみたら、轟音とともに、胸やお腹にビリビリとすごい振動が伝わってきた。こわっ。野生の迫力！

初日も二日目も親子クジラに何度も遭遇でき、近くで泳げただけで充分満足だったのに、とどめに鳴き声まで何度も聞けて、二十時間以上かけて来た甲斐があった。

トンガ、ババウ島の親子クジラ

コロナ前の二〇一九年九月一週目のことだ。

実は東京五輪のマラソンスイミング（海での一〇km泳）の競技役員に決まっていた私は、行けるとしたら二〇二〇年の夏が終わったらね！　と、トンガに移住した知人、タカコさんに伝えていたのだ。ところが、そんな先じゃダメ。せっかくコテージも出来上がり、サイクロンで破壊された桟橋も修復済み。ぜひ、来年に！　と二〇一八年の夏に連絡が来た。

「来シーズン（二〇一九年）、すでにほぼ満員で九月のはじめの一週間しか宿が空いていない」と言う。二十年以上続いていた行事を前後にずらし、募集をかけ一行七人でトンガツアー決行となった。「東京五輪の後で」なんて気長にしていたら、今もまだ行けていなかったことになる。ホントにあの時に行っておいてよかった。

　トンガに行っちゃう友人がいると、タカコさんを紹介されたのが、ことの始まり。今、タカコさんの中学生の娘、シシファがまだ小学校入学前だった。

「クジラと泳げるんですよ！」と言われて、え〜！　絶対行く！　と約束して、五年以上たっていた。トンガ出身のタカコさんの夫がラグビー選手で釜石のクラブチームで活躍していたが引退して帰国することになり移住を決めたそう。

　そもそも私の水泳のコーチが釜石出身。私も小学生の時から水泳の合宿で釜石へ行っていた。プールでの厳しい合宿が

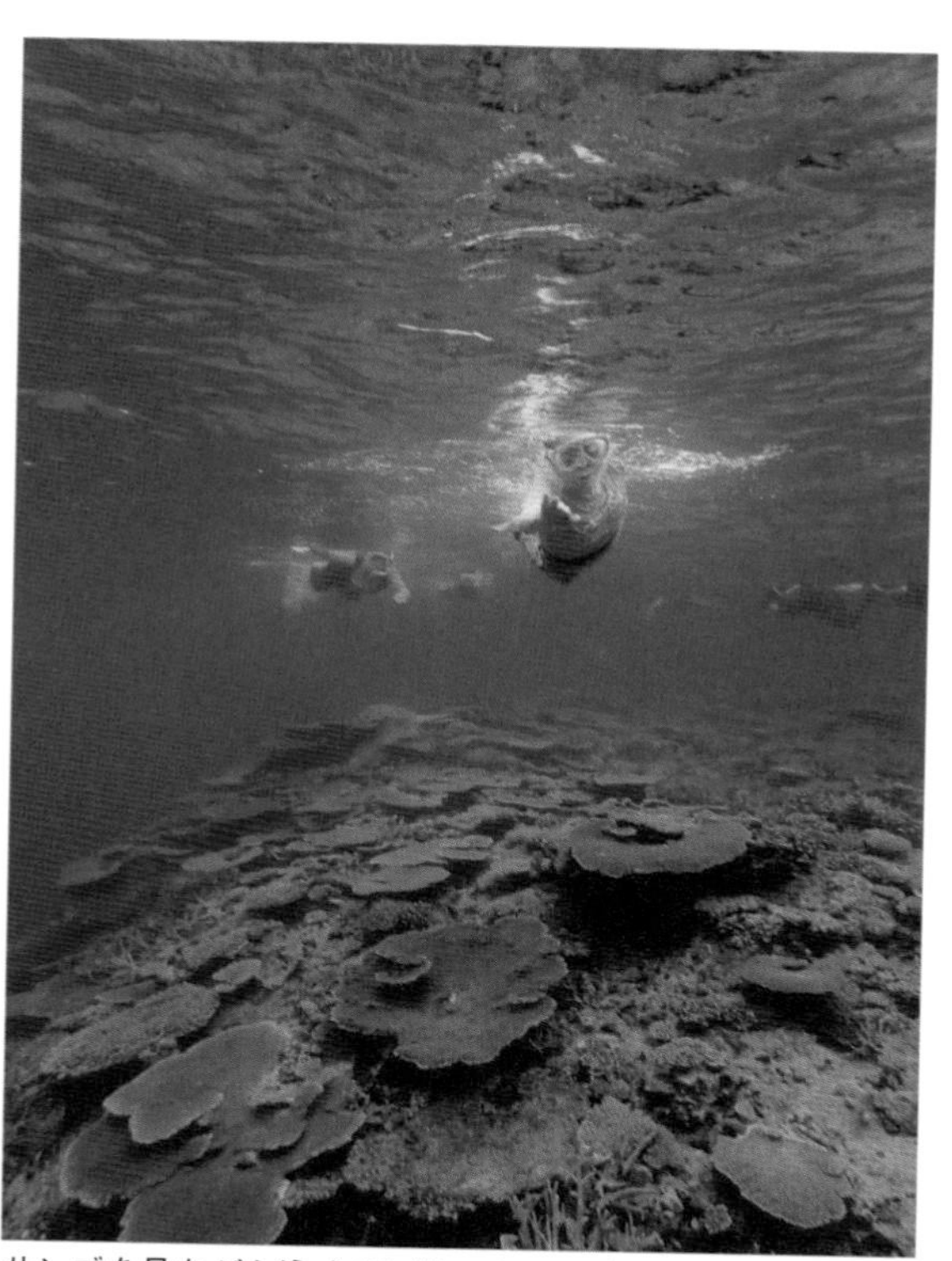

サンゴを見ながら泳ぐ80代スイマー（沖縄・座間味）

終わった最終日のご褒美は、海遊びだった。岩場で素潜りをしてひたすら遊び、海は楽しいところと刷り込まれた。

今、海人（うみんちゅ）くらぶという水泳のサークルを主宰している。沖縄、奄美地方の漁師さんや素潜り名人を指す「うみんちゅ」。海に敬意を払い自然体で海に向かう「海人」に憧れてのネーミング。メンバーは三十代もいるがほぼ五十代~八十代。平均年齢七十代超えるかもしれない。八割女性。水泳をプールで健康のために続けながら海も好きという人たちのネットワークだ。コロナ禍では活動が減ったが、SNSの発信を増やしたり、オンラインレッスンも積極的に企画してしのぎ、自分も皆の存在に救われた。

小三の秋からスイミングクラブに入り、高三年まで競泳の選手だった。先の釜石出身のコーチから一浪後、ドーバー海峡を泳がないかと誘われた。最初は渋々だったが、競争じゃなく世界中の人が挑戦している場所だと知り、調べているうちにその気になった。実際の初挑戦では低体温（水温十六度、十一時間半泳ぐ）で意識を失うのだが、結果に関係なく世界中からの挑戦者との出会いで楽しく、一気に世界が広がった。

大学卒業後は、水泳と全く違うことがしたくて出版業界で二十代を過ごす。その間、機会を見ては世界の広さを実感したくて、旅に出た。カヌーでの四十五日間かけたアマゾン川下りやセールトレーニング船「海星」でメキシコのアカプルコからアメリカまでの航海も経験した。

日本での仕事では、福祉団体で障害児・者のプール教室にも関わった。そこで「思わず動きたくなる環境づくりを」という教育方法に出会い、その勉強や経験を深めたく、家族（夫と当時息子三歳）とほんの一年のつもりで西オーストラリアのパースへ行くことになる。これがまた、偶然、水泳愛好者たちが海峡横断レースを自分たちで主催してしまうような海好きスイマーの多いところだったのだ。

コロナ前はパラオのOWS（オープンウォータースイミング）大会に参加するのも恒例行事だった

再びそこで、水泳と海に導かれ、結果的に滞在は三年半になった。レジャー学という大学のコースにも出会い、遊ぶこと、楽しいことの重要さまでもバッチリ学べた。

「海が生活の一部になっているパースのスイマーたちの様子を、日本の人にも紹介したい」

そんな想いで始めた海人くらぶ。縁があっての繋がりを大事にしていたらツアーの行先もパースだけではなく、インドネシア、フィリピン、タイ、ハワイ、トンガと広がっていった。

海で泳ぐ楽しさの向こうに、クジラと泳ぐ世界があるとは、想像もしていなかった。コロナに思いがけなく翻弄されたが、今後もどんな海の世界が待っているのか、まだまだ楽しみだ。

（海人くらぶ代表）

海の男はかっこいい

石塚英彦

ぼくは、子どもの頃、大きくなったら何になりたいかと聞かれると「船長さん！」と答えていました。だって、かっこいいじゃないですか。船乗りの白い制服、肩章や金色の刺繍、いいなあ、着てみたいなあ、似合うだろうなあ、と思っていたのです。

横浜育ちなので、小学校の遠足は山下公園でしたし、海を描く写生大会に行ったり、海を身近に感じながら大きくなりました。大みそかは除夜の鐘ではなく、港に停泊する船が一斉に鳴らす霧笛に耳を澄ませました。

家族で出かけるときは、よく港に連れて行ってもらいました。クレーンがコンテナを積んでいるのを見ただけで興奮しました。コンテナには英語が書いてある、ここにあるものは外国へ行っちゃうんだ、とドキドキしたものです。

あこがれはずっと残っていて、進路を決めるとき、商船大学を受験しようとしたくらいです。残念ながら学力的に「圏外」だったので、きっと向いていないのだろう、とあきらめましたが。

取材先で船に乗せていただく機会も多いのですが、海の男は、大きな船の船員さんも、小さな船の船頭さんも、漁師さんも、やっぱりみんな、かっこいい、とあこがれます。乗っている人の命を預かっているのですから、その責任感から、船乗りの顔は引き締まっているのだと思います。

船に乗ると、陸にいるときと視線が変わるのが新鮮です。レインボーブリッジを下から見上げ

たときは感動しました。陸から見るのとは全然違う迫力です。

川下りの屋形船に乗ると、陸上がどんなに混んでいても、こっちはすいすい進める。車だと騒音が気になりますが、水上にいると音がしません。静かだし、風も気持ちがいいし、特別な世界にはいりこんだ感覚になります。

東京湾の観光船に乗って隅田川をのぼると、川に面して大きなビルが並んでいるのが見えて壮観です。「ここ日本？マンハッタン？」という感じで、陸上では見ることのできない眺めでした。

海の男の顔が引き締まっていること、海に出ると視線がまったく変わること、これらは船の大小にかかわらず、共通する船の良さでしょうね。

海にいると、気分が鎮まってきます。なぜだろう。もともとわれわれは、お母さんのおなかの中で「羊水」って水の中にいたからかな、だから落ち着くのかなと思ったりします。海水浴で、海にぷかぷか浮かんでみると、原始に還るというか、新鮮な感覚が味わえます。沖合に出て、海しか見えない晴れた日など、ゆったりまったりくつろいだ気分になります。

そんなのんきな気持ちとは無縁の海もあります。寒ブリで有名な富山の氷見(ひみ)漁港の船に乗せてもらったことがあるのですが、厳しい漁でした。

暗闇のなかを出航。何艘かの船が漁場を囲むようにして、どんどん互いの間隔をせばめて寒ブリを追い込んでいく。網ですくった寒ブリを船の上に開いている穴に落とす。息の合った協働作業です。穴の中で寒ブリがパチパチ跳ねている。その穴に「落ちたら死ぬよ」と漁師さんは笑って注意してくれるのです。

揺れる船の上で、漁師さんは誰一人柵につかまっていません。きびきびと作業しておられる。こちらは立っているだけで精いっぱいだというのに。船の上の、一糸乱れぬ統率の取れた動きは緊迫していて、感動的です。

港に帰って水揚げしても、まだ夜は明けきらない。寒いはずなのに熱気さえあります。充実感と満足感がみなぎって、さあ、明日も頑張ろう、となる。働き方が豪快ですよね。かっこいいったらありません。

先日、地元の小学校で子どもたちにお話しさせてもらう機会があり、将来の夢を聞いてみたら、ゲームを作る人になりたい、声優さんになりたい、ラーメン屋になりたい、とか口々に答えてくれましたが、残念ながら船乗りという声はあがりませんでした。何故でしょう。それは海や船を身近に感じることがないから、興味を持てないのは、知らないからじゃないの、と気づきました。

ぼくらの時代は、学校行事で氷川丸や横須賀の戦艦三笠を見学に行って、こんな船を動かして

氷見漁港

みたいなぁ、なんて思ったりしました。船や港を知らないという子どもには、港の遊覧船でもいいし、フェリーとか観光船でもいい、船に乗せてあげたらいいと思います。体験学習というのでしょうか、操船しているところを見たり、実習訓練を見たり、航海技術を目の当りにしたら、その魅力が伝わってくるのではないでしょうか。

今でもぼくは、桟橋に接岸する船の操船技術を見るたびに賛嘆します。道路もないのに線もひいていないのに。船がぴたっと定位置に着岸すると、いつも思わず「おー！」と歓声をあげてしまいます。

みなさん、プールだけで泳いでいないで海でも泳いでみてください。車や電車だけでなく船に乗って海上に出てみてください。海の魅力、船の魅力を体感してみてください。

（タレント）

私と氷川丸物語

伊藤玄二郎

私は鎌倉で生まれ育ちました。今も仕事場は鎌倉にあります。仕事場は小さいのですが窓は大きくとりました。海が見えるからです。

高校は横浜駅の近くにありました。放課後よく、当時まだ走っていた本牧行きの市電に乗り、横浜港を前にした山下公園に行きました。

横浜ニューグランドホテルを背中に見て、公園中央のベンチに座ると、左手は大桟橋です。係留されている外国の大型船や湾内の行き来する艀（はしけ）の姿を目にするのが楽しみでした。有島武郎の『或る女』の主人公の早月葉子はこの港からアメリカに行く船の中で、事務長に恋をしたのかと、まだ純真だった高校生の胸は高鳴りました。

右の目の端には氷川丸が浮かんでいました。正確に言えば「浮かぶ」ではなく、「係留されている」と書くべきなのかもしれません。でも初めて目にした氷川丸は、今にでもシアトルへ出航しそうな気配でした。

昭和五十三年（一九七八）、毎日新聞記者の高橋茂さんと縁あって『氷川丸物語』を出版しました。戦局が大きく傾いた昭和十八年（一九四三）、高橋さんは海軍に徴兵され、ラバウルに送られました。間もなく高橋さんはマラリアに罹り、島内の海軍病院で病と闘っていました。

昭和十九年（一九四四）一月三十一日、高橋さんはギラギラ照りつける太陽の中、空襲を避け

横浜山下公園特設桟橋に係留保存されている氷川丸（写真提供：日本郵船歴史博物館）

て入ってきた病院船氷川丸に収容されました。沖に停泊した氷川丸を初めて目にしたとき、船腹と煙突に赤い赤十字マークをつけたその姿は、高橋さんの目には気高く映ったといいます。

戦後数十年を経ても、高橋さんはその日のことを一日として忘れることはありませんでした。高橋さんにその話を聞いた私は、氷川丸の数奇な運命の足取りを辿る作業に着手しました。それから二年の月日を経て一冊の本になりました。そして、平成二十八年（二〇一六）、『氷川丸物語』を底本にして私は『氷川丸ものがたり』を書きました。

病院船氷川丸初代病院長、金井泉先生の信州松本のお宅には何度も足を運びました。庭先に連なる林檎の木に手をのばし、捥ぎたてをいただいた、まだ少し酸っぱかった林檎の味を今でも思い出します。

「軍人である前に医者として、医者である前に人間として、戦況よりも戦傷者の容体を――」。これが赤十字の精神だと金井先生は淡々と言いました。金井先生の、寝る間も惜しんでの回診は、敵味方なく続けられた、と当時の部下からの多くの証言があります。

海にはロマンと冒険があり、船はその上に生活というドラマをのせて走ります。世界でもこれほど強い運と数奇な運命をたどり、しかも、愛された船は少ないでしょう。戦前の豪華貨客船として、昭和五年（一九三〇）に五三日間の神戸からの処女航海以来、戦時の病院船、戦後の引揚船、そして再び外洋航路へと、大海の荒波を越えてきました。

太平洋戦争開戦時の、日本の船舶保有量は、約六四〇万トン。世界第三位の海運国を誇っていましたが、終戦を迎えた時点での開戦以来の船舶損害は、八四〇万トンを超えている。戦時下の新造船も含めて、あらかた海のもくずと消えてしまったわけです。病院船でありながら、空爆や魚雷によって沈没した船も少なくありません。その中で、三回の触雷や潜水艦に遭遇しながら、使命を果たした氷川丸は、いかに強運の持ち主であったか。そして令和三年（二〇二一）で九一歳になりました。

二〇一五年は戦後七〇年の節目の年だった。十二月十八日、天皇陛下は宮内庁で記者会見し、先の大戦で亡くなった人々へ「心が痛みます」と言葉を寄せています。中でも徴用された船と運命を共にした民間の船員や氷川丸の名もあげて次のように述べています。

「日本は海に囲まれ、海運国として発展していました。私も小さい時、船の絵葉書を見て楽しんだことがありますが、それらの船は、病院船として残った氷川丸以外は、ほとんど海に沈んだということを後に知りました。制空権がなく、輸送船を守るべき軍艦などもない状況下でも、輸送業務に携わらなければならなかった船員の気持ちを本当に痛ましく思います。」

このお言葉は、苦難に耐え生き抜いて来た氷川丸にとっては有難いに違いありません。

二〇一六年二月、氷川丸で、あるシンポジウムが開催されました。第二次世界大戦中、ユダヤ難民を救った「命のビザ」で知られる外交官杉原千畝に関するシンポジウムです。「杉原リスト－一九四〇年、杉原千畝が避難民救助のため人道主義、博愛精神に基づき大量発給した日本通過ビザ発給の記録」が国連教育科学文化機関（ユネスコ）の世界記憶遺産登録の国内候補に選ばれたからです。氷川丸はそのビザで難民が避難する際に乗船した船で唯一現存している証人です。

設計時に描かれた一等社交室のインテリアデザインの図面
（写真提供：三菱重工株式会社横浜製作所）

世界の各地で、今日の今の瞬間も銃弾が飛び交い、尊い命が失われています。私が育った時代は、この日本もその時代から遠くなかったのです。私の周囲には先の戦争で父親や家族を失った友人が少なくありません。戦争を知らない若い皆さんに、平和であり続けることの難しさ、平和であることの幸福を改めて考えていただきたいのです。

時は遡ることは出来ても、起きたことを覆すことは出来ません。であるならば、過ちを繰り返させないために、記憶を風化させないことです。

（エッセイスト、星槎大学教授）

column 1

船員の肩章・袖章

船員の公式な場での服装には肩章（夏服）や袖章（冬服）がついています。線の色で職種を表し、線の数で階級を表しています。

甲板部が「黒」、機関部が「紫」です。そのほか、無線部が陸の色「緑」、事務部が紙の色「白」、医務部が血の色「赤」ですが、一般商船ではこれらの役職の人は乗船していません。大型の旅客船などに乗ればそれらの役職の人を見ることができるかもしれません。

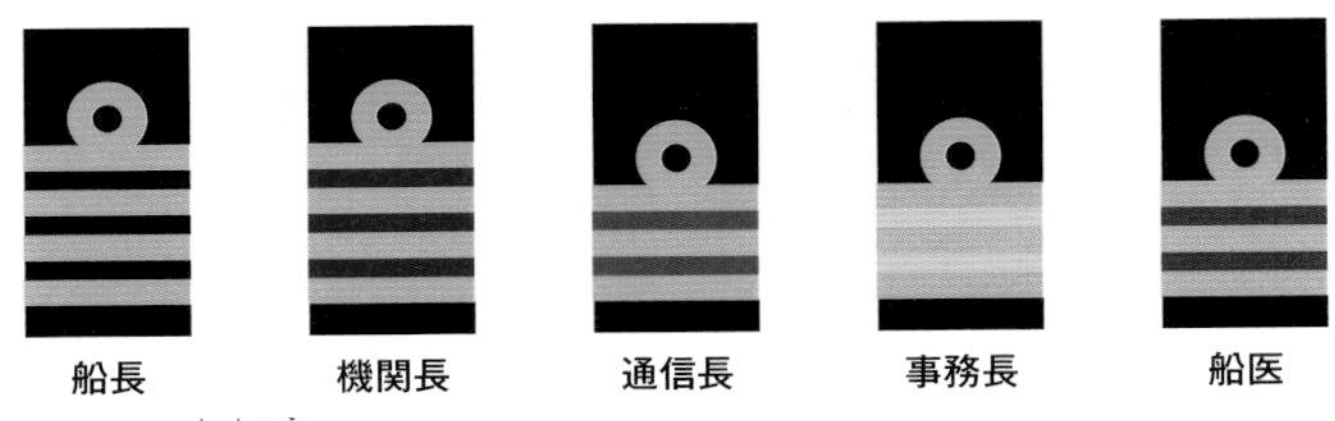

金筋（金色の刺繍（ししゅう）線）の数が船員の階級を表しています。

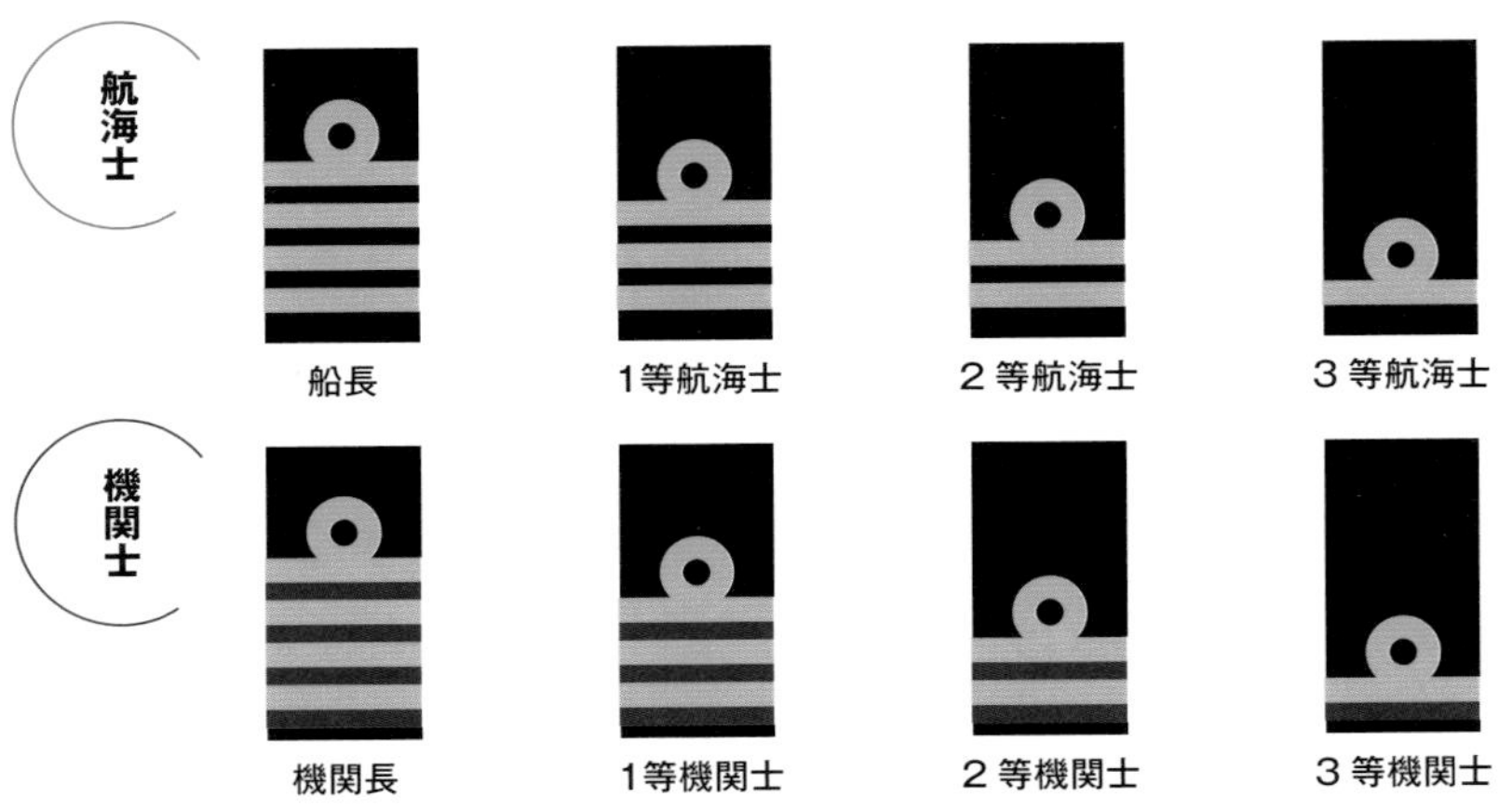

船員の肩章・袖章は、「船員服装規程」でサイズや色が規定されています。国際的な船舶ルールとして定められ、フェリー、外航コンテナ船、タンカーなど、船種を限らず同じです。

船と海の小百科

船と海の仕事
船と海の学校

無茶四（むちゃし）の船と働くってカッコイイの巻

漫画・二階堂正宏

海の仕事は
大変だけど
とってもやりがいがあって
みんなのためになる
大事な仕事だよ

船長さんは
船の大小　乗組員の
多少に関係なく
船の最高
責任者です

積荷や乗客を
安全に目的地まで
運ぶことが
仕事だよ

船の安全を守るため
時には乗組員や乗客に
命令することができると
法律に定められて
います

主な仕事は
気象や
海の状況をみて
船の針路を
決めることだよ

狭い海峡や
水道を通過する時は
自ら操船の指導を
します

航海士さん

通常　商船には
一等航海士（チーフオフィサー）
二等航海士（セカンドオフィサー）
三等航海士（サードオフィサー）と
三名の航海士さんが乗船しています

航海士さんは航海中
交代で24時間各々
決められた時間に
甲板部員と一緒に
見張りや操船をします
一等航海士は
港での荷物の積み
おろしの監督
航海中の荷物の管理
出入港時には船首で
船を岸壁に着けたり
離したりの指揮監督を
します

二等航海士はレーダーや自分の船の
位置を確認する計器（ＧＰＳ）や
海図の管理
出入港時は
船尾で船を
岸壁に着けたり
離したり

三等航海士は救命設備や
甲板機器整備と航海日誌や
さまざまな書類の記録や管理を
します

出入港時には
水先人を船内に
迎え入れる
業務などもあります

重要な仕事のため
責任感や判断力
冷静さが必要ですね
たくさんの航海経験をした
あとは最高責任者
船長として活躍します

島国である日本は多くの輸入品に
頼っており輸入品のほぼ全ては
船が運び国内輸送も荷物の約4割を
船が運んでいます

カッコイイー！

あまり目立たない仕事ですが海のプロフェッショナルとしてやりがいを感じます

安全運航するうえで
大事なのが天気です
天気によって海の状況は刻々と
変化するのでチェックはかかせません
船乗りとして働くには
資格はいりませんが
船を操縦するには
資格が必要だよ

海技士という国家資格があり
船の大きさやエンジンの大きさ
船の走る海域によって一級から
六級まで分けられています

船員をめざす人のために
高校から学べる学校もあるんだ
短期大学や大学も
ここを卒業して船員になるのが
最短ルートだね

海を渡る船は
たくさんの機械で
つくられています

船を動かすエンジンやプロペラ　電気を作る発電機などの
メンテナンスや管理を行うのが機関士さんです
でっかい
プロペラ
〜ッ

船がこわれた時　修理するのも
大切な仕事です

船の修理で部品が足りなく
なった時は船の中で部品を作る
こともあります
安全に航海するためにはかかせない
仕事です

船は人を運ぶ
旅客船

荷物を
運ぶ
貨物船

魚を獲る
漁船

作業船と
どの船にも
機関士さんは
必要です

ぼくたちの主な仕事は
機械の点検と整備です

毎日の点検整備を
きちんとやると調子よく
機械が動きうれしいです

機械なのでどうしても故障して
しまう時があります
そうした時　故障個所の原因を
つきとめ修理できた時は
達成感とやりがいを感じます

安全な運航をするためには
エンジンの整備はかかせません
自分の仕事が船と船員の
安全を守ることに
誇りも感じます

えらい

どうやったら
なれるの？

船が好きで
ラジコンなどの
機械いじりが好きなら
機関士に向いてるね

機関士として働くにも
国家資格の海技士資格をとる
必要があり経験に応じて
一級～六級の資格がとれます
がんばれ
ーっ

長時間にわたる
航海中に仲間たちと
協力しあうコミュニケーション
スキルも求められますね

水先人

世界中　日本中には
さまざまな環境の海や
港があります

港に入出港する時
船を安全に動かし
案内するのが
水先人（パイロット）です

どんなに優秀な船長さんでも
すべての水域を把握するのは
不可能です

その水域の事情を
よく知っている専門家に
アドバイスを受けることになります
その役割を果たすのが
水先人なのです

司厨長 司厨員（コックさん）

外国へ物を運ぶ船などは
航海する日数が
長期になる場合があります

中でも大切なのが
毎日の食事です

新鮮な食材が不足がちに
なるため限られた食材で美味しい
料理を作ります
船員たちの
健康を考えて作る
大切な仕事だよ

船内サービス員

ホエールウオッチングのガイドなど旅行をたのしんでもらうため盛り上げたりするのも仕事です

船内サービス員になるには特別な資格はありませんが乗船客をアテンドする大切な仕事なんだよ

漁師さん

ぼくたちの食事に欠かせない
魚や貝を獲るのが漁師さんの
仕事です

沿岸・沖合や遠洋漁業の
乗組員になるのであれば
個人としての特別な
資格はいりませんが
漁船の運航に携わる
仕事をしていくためには
海技資格が必要だよ

漁業は自然相手の仕事なので
獲れたり獲れなかったり
きびしい仕事です

少しでも多く獲れるように
自然をよく観察し
魚網をいい状態に管理するなど
失敗をくり返しながらでも仕事をする
のもやりがいのひとつです

さあ
大きな海が
君たちを待っているよ
希望を持って
海に挑もうよ！

学校紹介

国立口之津海上技術学校

【学校所在地】
〒859-2503
長崎県南島原市口之津町丁5782

【在校生データ】
1年生27人（うち女子2人）
2年生24人（うち女子1人）
3年生27人（うち女子0人）
合計78人
生徒寮76人・通学2人

鶴田誠校長
東京商船大学（現東京海洋大学）を卒業後、外国航路の一等航海士として世界の海を航海。

校舎

国立口之津海上技術学校は昭和二十九年、国立口之津海員学校として開校し、その後平成十三年に現在の校名に改称しました。

口之津町は島原半島の南端に位置し、地名の由来は、有明海の入口にある港、入口の津、口之津であると言われています。学びの場の海域である早崎瀬戸は、潮の干満により渦潮が発生する日本有数の急潮流で、イルカウォッチングができることでも知られています。

本校は中学校卒業者を対象として、高等学校の普通教科と商船という専門教科を三年間勉強し、卒業時には高等学校卒業同等資格が取れるほか、国内航路の船員になるために必要な四級海技士（航海・機関）の国家資格（海技免状）を取得することができる学校です。専門科目を担当する教員は全員が海技免状を持っている元船乗りです。

授業は月曜から金曜まで一日七時間。専門科目では教室で行う座学のほかに校内練習船での実習を各学年週一回。そのほか、ロープの結び方や溶接などの実技、救命・消火といった船内実務に即した訓練に加え、学校での三年間の教育が終わった後に六ヶ月間の「乗船実習科」に進学し、四級海技士の口述試験に合格すれば海技免状を取得できます。本校生徒のほぼ全員が、日本国内を航海する内航船のタンカーや貨物船に就職。卒業生の評判はいいと思います。

（鶴田校長談）

生徒インタビュー

Interview

馬場拓之介(ばばたくのすけ)さん(3年)
黒田憲也(くろだけんや)さん(3年)

――出身は?

黒田：長崎県諫早市です。

馬場：長崎県南島原市です。

――この学校に進学しようと思った理由は?

黒田：他の普通校よりこの学校が一番将来に直結していると思ったから進学しました。昔、父が漁船に乗っていたこともあり、小さい頃からそういう夢を持っていました。

馬場：幼い頃から近くに海が無い環境で育ったので、逆に海に興味があり、海の仕事がしたいと思い進学しました。

――学校生活について。

黒田・馬場：朝起きて、点呼して、ごはんを食べて、勉強して、部活して、寝る、というような毎日です。

馬場：寮生活は家と違って友だちとずっといるので、毎日が合宿みたいで楽しい。

黒田：寮生活が窮屈だとは感じない。三年もいるので寮での生活に慣れました。週に一回、土日は自宅に帰ります。

――どんな船乗りになりたいですか。

黒田：大型船一万トンくらいの船の船長ができればいいなと思っています。

馬場：今やれることをたくさんやって、立派な航海士になりたいと思っています。

――海と船の魅力と恐さについて。

黒田：陸上と離れているので興味がある。海の上で働くのは楽しい。

馬場：ずっと海の上にいるので、陸では経験できない魅力があると思います。

黒田：海上実習中にたまに大型船が通ることがあって、そんなときに操船を担当していると緊張感があります。

馬場：今は海上実習で先生が隣にいるけど、実際に船に乗ったら一人だと思うので、自分で操舵できるかなと少し心配です。

――中学生たちに伝えたいことはありますか。

黒田：この学校は男の子がメインで、青春というのはあまりできないこと。もうちょっと青春したかった。

馬場：ずっと寮生活で外に行く機会があんまりないですけど、やりがいがある。

黒田：自分のやりたいことは率先してやったほうが後悔しないのでがんばってほしいと思います。

馬場：今のうちに楽しんでいた方がいい。高校に入ると本格的に就職を決めていかないといけないので。

トピックス Topics

ただ一人の女性教員
江口由華（えぐちゆか）先生

――どうして海を目指したのですか。

江口：長崎の五島列島で、船や海が生活上必要な環境に育ったので、長崎大学で水産学を専攻しました。実習で船に乗り、船で働く楽しさを知りました。

――船ではどういう仕事をされるんですか。

江口：三等航海士として五年間勤務していました。船務として整備の計画や実際の整備を行っていました。国内は、北は北海道、南は鹿児島まで、遠洋航海では、オーストラリアやロシアのウラジオストックに航海したことがあります。また船に乗るなら船長を目指したいと思っています。

――女性であるハンデはありますか。

江口：力が必要な作業では多少はハンデはあっても、それは協力や工夫で克服できます。

――今どんなことを教えているんですか。

江口：海運実務という授業です。実習では、カッターや操船シミュレーターを使った実習も担当しています。

――中学生に伝えたいことはありますか。

江口：職場は海。いろんなきれいな景色が見られます。五年船に乗って初めて見る景色に出会いました。あとは、朝起きたら職場という、通勤がないのも魅力（笑）。おいしいごはんも食べられます。

（二〇二一年四月取材）

実習

Pictures

校内に本物の船を
操船しているような
シミュレーターの
設備がある

ロープの加工の練習。太いロープに３人で苦戦中

口洋丸で航海当直。しっかり見張って安全に運航する

ドリルの取り扱いを練習中

船の機器の取り扱いを練習中。この太いロープで
船を岸壁に留める

機関室での実習。とても暑い機関室でも
点検を行う

カッター訓練。
入学して初めて海
上での訓練

サバイバル訓練。非常時を想定した訓練。全員勇気を出して海に飛び込んだ

球技大会後のバーベキューは格別

冬場に行われる耐寒訓練で
体を鍛える

校内マラソン大会は町内を駆け抜ける

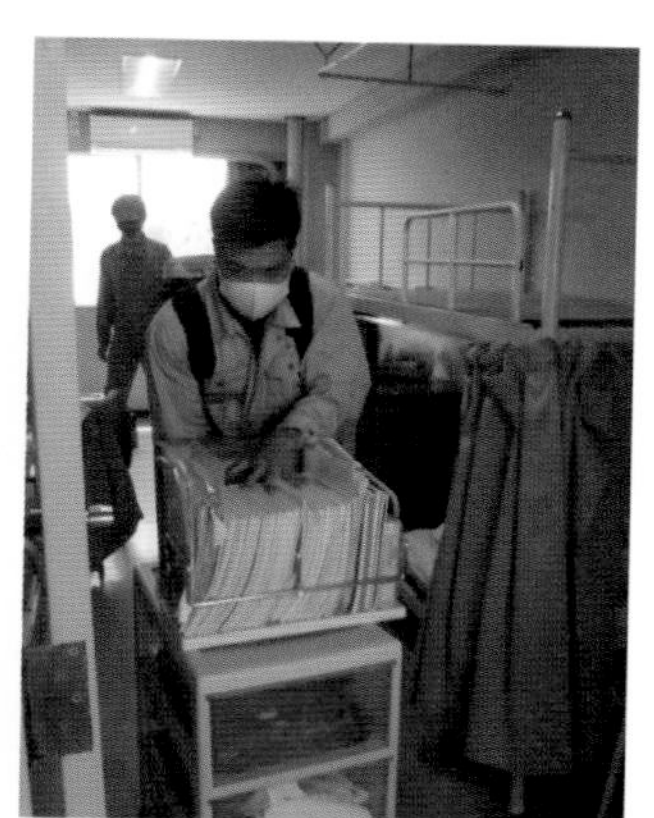

学期毎に行われる寮の部屋替えの様子。
1部屋3～4名で過ごす

富山高等専門学校

校舎（射水キャンパス）

富山高等専門学校は、平成二十一年十月に国立高等専門学校の高度化再編により、富山工業高等専門学校（現・本郷キャンパス）と富山商船高等専門学校（現・射水キャンパス）が統合して創立されました。工学系四学科（機械システム工学科、電気制御システム工学科、物質化学工学科、電子情報工学科）、人文社会系一学科（国際ビジネス学科）、商船系一学科（商船学科）の合計六学科の本科及び専攻科からなっており令和三年度現在学生総数一三九一名、内女子学生四八四名、及び留学生四名が在籍する全国でも有数の高専です。

工学、人文社会、商船の各学科を有する本校は、全国五十七高専の中でも特色のあるものであり、北陸及び我が国そして世界で活躍する技術者、ビジネスパーソン、そして海事技術者を育成し、加えて科学技術・海洋に関連する高度な研究を行っている国内有数の高等教育研究機関でもあります。

また日本海側唯一の商船学科を有する高専として四方を海に囲まれた我が国の物流を担う人材を育成する社会的使命を果たしており、商船学科学生は卒業後三級海技士を取得、船舶職員として就職するものは約五割、約三割が大学編入学や専攻科進学、約二割が港湾・エンジニアリング関係の企業に就職しています。

【学校所在地】
（射水キャンパス）
〒933-0293
富山県射水市海老江練合1番2

【在校生データ】（商船学科）
1学年41名（うち女子9名）
2学年42名（うち女子10名）
3学年45名（うち女子18名）
4学年40名（うち女子6名）
5学年42名（うち女子10名）
実習生37名（うち女子9名）
合計 247名（うち女子62名）

賞雅寛而（たかまさともじ）校長
東京商船大学（現東京海洋大学）卒業、外航海運企業勤務後、東京海洋大学教授、東京海洋大学副学長を経て現職。

生徒インタビュー
Interview

森下加奈子（もりしたかなこ）さん
（商船学科 航海コース3年）

安東季胤（あんとうすえつぐ）さん
（商船学科 機関コース3年）

──出身とこの学校を選んだ理由は。

安東：東京都武蔵野市出身です。中学の時あまり成績が良くなくて都立の高校にも魅力を感じず、自分の好きなことができそうなことを探していた時に、この学校を見つけました。他の人のようにめちゃめちゃ志したかと聞かれるとそういうわけではないです。もともと動くものが好きで、商船学科というものを知った時に興味が湧いてきました。

森下：兵庫県姫路市出身で、中学校の時に進学先のオープンキャンパスの案内の中に、国内にある商船系の五つの高等専門学校の合同説明会の項目があって、それが神戸で行われると知って、親と一緒に行ってみました。調べるうちに、商船っておもしろそうだな、船のことやりたいなと思ったのがきっかけでこの学校を目指しました。

──コースを選んだ理由は。

森下：操舵を指示する側の人になりたいという思いが強くて航海コースを選びました。先輩方から航海だったら朝陽が見れたり夕方の景色がきれいと聞いたのでそれを見たいなという思いも。ゆくゆくは船長になりたいと思います。

安東：自分の好きなことがエンジンとか機械系だったので、機関系の授業を受けて、おもしろいなと思って機関コースに進みました。職種の幅も広いので就職の求人も多いと聞いています。目指すは機関長です。

──入学すると六年間寮生活になるわけですが、抵抗はなかったですか。

安東：特に抵抗はなかったです。不便な部分もあってストレスになって家に帰りたくはなることもありますが、やっていけないと思ったことは入所した当初から一度もないです。

森下：最初はなんとかなるだろうと思っていたのですが、始まって一ヶ月ぐらいすると帰りたくて大変でした。過ごしていくうちに慣れてきて、今でも帰りたいと思うときもありますが、自分のやりたいことをできてるから大丈夫です。

——実際にこの学校に入ってみてどうですか。

安東：一、二年生の時は一般科目が多くて、意外と普通の高校生でやるような数学とかの基礎をしっかりやらされたのでイメージが違ったのですが、学年が上がるごとに専門科目の比率が増え一年生でやったことが必要になってくるので、基礎を学ぶことの大切さを今になって実感しています。

富山に来てせっかくならここでしかできないことをやろうと思って、部活はカッター部に入りました。

森下：最初はテストがものすごくしんどくて。赤点が六〇点なので、なかなか適応できなくて。勉強の仕方も今まで暗記で乗り切ってきたものがだんだんそれだけでは難しくなってきて。でも船とか海のことだから、自分のしたいことだから頑張ろうと思って、少しずつですけど勉強するようになって、やっぱりここに来てよかったなと思っています。

私は寮の先輩に誘われてサッカー部のマネージャーをしています。

——船や海の魅力は。

安東：島国の日本では九九・六％以上船舶による運送に頼っています。船の仕事に携われるということで日本の経済・物流を支えている、自分が支えているって感じることでやりがいを感じたり、機関コースの私は、大きな船で発電機・ボイラーと、人の生活や船に必要なプラントを自分の手で動かしていることに魅力があります。外航船で海外に行ったり内航船で全国を回ったり、見たことのない景色を見られるという魅力もあるんじゃないのかな。

森下：海って道がなくて、信号機ももちろんありません。でも、そういう場所にルールがあって、それを守って、船は飛行機や車では運びきれない多くの物を支えています。船が生活の身近にあるというのを、船に触れたことがない人にも知ってもらえると嬉しく思います。船で自分が行ったことのないところに行けるのは魅力だと思っていて、そこで物の見方や価値観が変わっていくというのは海や船のいいところじゃないかなと思います。

（二〇二一年八月取材）

乗船実習

揚錨機の取扱い

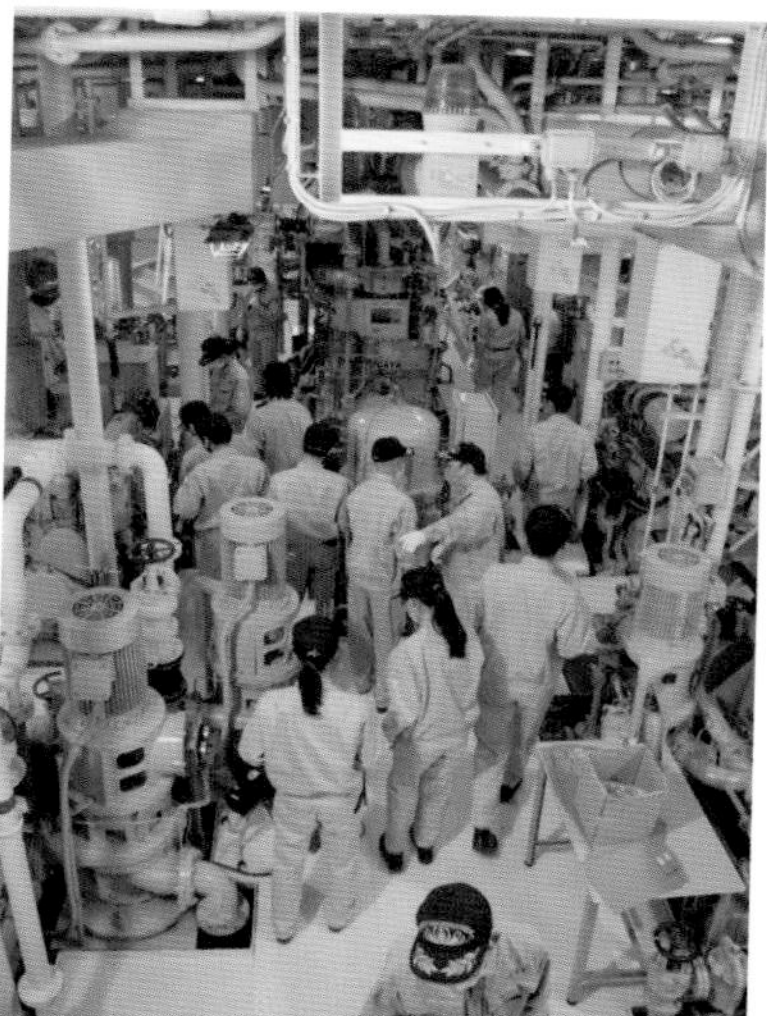
機器配置調査

初めての航海当直

主機運転実習

出航前の暖機運転確認

練習船「若潮丸」

ライフラフト乗込み

船上3mからの飛込み

若潮丸への生還

カッターレース大会

寮での食事

卒業研究発表会

卒業式

北海道厚岸翔洋高等学校

【学校所在地】
〒088-1114
北海道厚岸郡厚岸町湾月
1丁目20番地

【在校生データ】（海洋資源科）
1年生17人（うち女子8人）
2年生16人（うち女子1人）
3年生24人（うち女子5人）
合計 57人
生徒寮11人

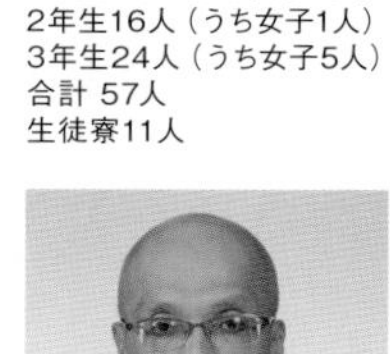
福田雅人校長
北海道大学を卒業後、道内9校に勤務。専門は理科。本校が初めての水産・海洋系高校勤務。

北海道厚岸翔洋高等学校は、平成二十一年四月に、厚岸町内の二つの高校である、北海道厚岸水産高等学校（水産高校）と北海道厚岸潮見高等学校（普通科高校）の再編統合により開校しました。各学年に、海洋資源科（水産科）一クラスと普通科一クラスを併置しています。北海道内で唯一の、水産科と普通科の併置校です。海洋資源科には、「生産コース」と「調理コース」の二つのコースを設置しています。

「生産コース」では、小型船舶や漁業、食品加工など、海洋に関する幅広い知識と技術を習得します。一級小型船舶操縦士の資格を取得できます。

「生産コース」卒業生の就職者のうち三割が漁業後継に、四割が水産・海洋関連産業（水産加工業、海運業、造船業、港湾建設業等）に従事しています。就職者の多くは厚岸町と近隣市町村で就業し、地域の基幹産業である漁業を支えています。

「調理コース」では、食品衛生や栄養学、調理等に関する基礎的な知識と技術を習得し、調理師免許を取得できます。北海道で唯一、全国でも二校しかない水産科の調理師養成課程設置校として、船舶料理士や地域の水産物の魅力を伝えられる調理師を養成しています。

「調理コース」卒業生の就職者のうち三割が船舶乗組員（司厨員、アテンダント）に、五割が調理関係（ホテル、飲食店、給食施設等）に従事しています。

校舎

生徒インタビュー
Interview

木嶋脩人さん
（海洋資源科 生産コース 3年）

佐藤紗雪さん
（海洋資源科 調理コース 3年）

——出身はどちらですか。

木嶋：北海道の厚岸町です。

佐藤：北海道の鶴居村です。

——どうしてこの学校を選んだのですか。

木嶋：家族が漁師でカキとアサリの養殖をしていて、この学校に入れば資格がたくさん取れるので、今後仕事で役に立つことがあると思い選びました。

佐藤：将来料理に携わる仕事がしたくて、調理を学べるこの学校を選びました。

——調理の実習はお寿司屋さんが来ているのですか。

佐藤：お寿司の実習では厚岸のお寿司屋さんが来てくださって、和食と中国料理と西洋料理は釧路から先生が来てくださって、直接教えてもらっています。

——料理を作るのは楽しいですか。

佐藤：楽しいです。調理実習が終わったあとのレポート課題とか定期テストの勉強とか難しいことがあって大変だなと思うときもありますが、充実感が大きいです。

——海洋資源科はどんなことを学ぶのですか。

木嶋：基本は海の漁法を学びます。地引網や潜水の実習もあります。慣れてくると楽しいです。解剖の実習もやりました。

——得意な勉強は何ですか。

木嶋：小型船舶とか船に関する授業が好きです。船に乗る実習もあります。

——つらかったこと・楽しかったことは。

佐藤：つらかったのは、一年生のときに初めて実習船に乗って、船の揺れを結構感じて、それがつらかったなと思います。船酔いが大変でした。楽しかったのはやっぱり調理実習です。あとは、船内調理という科目があって、海の生物、例えばイカとかタコとかホタテを解剖したりスケッチしたり、海の中のプランクトンを顕微鏡で見てスケッチしたり、ここでしかできない実習があって、それが楽しいと思います。

――夏休みはどうやって過ごしましたか。

木嶋：最初に潜水士の資格の試験を受けに行きました。あとは、家族の仕事を手伝ったりして過ごしました。

佐藤：学校で二、三日調理の勉強をしてから夏休みに入りました。実家に帰って、フェリーのインターンシップに行きました。戻ってきて、包丁を研いだり調理の練習をしたり、あとは、友達と遊んだりして過ごしました。

――学校に女子は少ないですか。

佐藤：少ないです。私は寮生活をしていますが、寮は女子が四人で、男子は七人です。

――通っている人が多いのですね。

佐藤：地元の人の方が多いです。あとは釧路からバスで通う人です。

――将来はどのように考えていますか。

木嶋：進学を考えています。静岡県の清水海上技術短期大学校に進学を希望しています。その先については、今は船に乗ることまでしか考えていないです。

佐藤：卒業した後は、今のところ独立行政法人の海技教育機構の司厨員として働きたいと思っています。調理師免許を卒業とともに取れるので、そこに受かれば入りたいと思っています。船に乗って実践することになります。

――乗りたい船はありますか。

佐藤：外国航路は海外のいろいろなところに行けるので、その場でしか見られない食材を見たいなと思っています。

（二〇二一年八月取材）

自家の漁業をクラスメイトに紹介

食品の性質を実験を通して学ぶ

実習船の厨房での調理実習（短期乗船実習）

校内での調理実習（西洋料理）

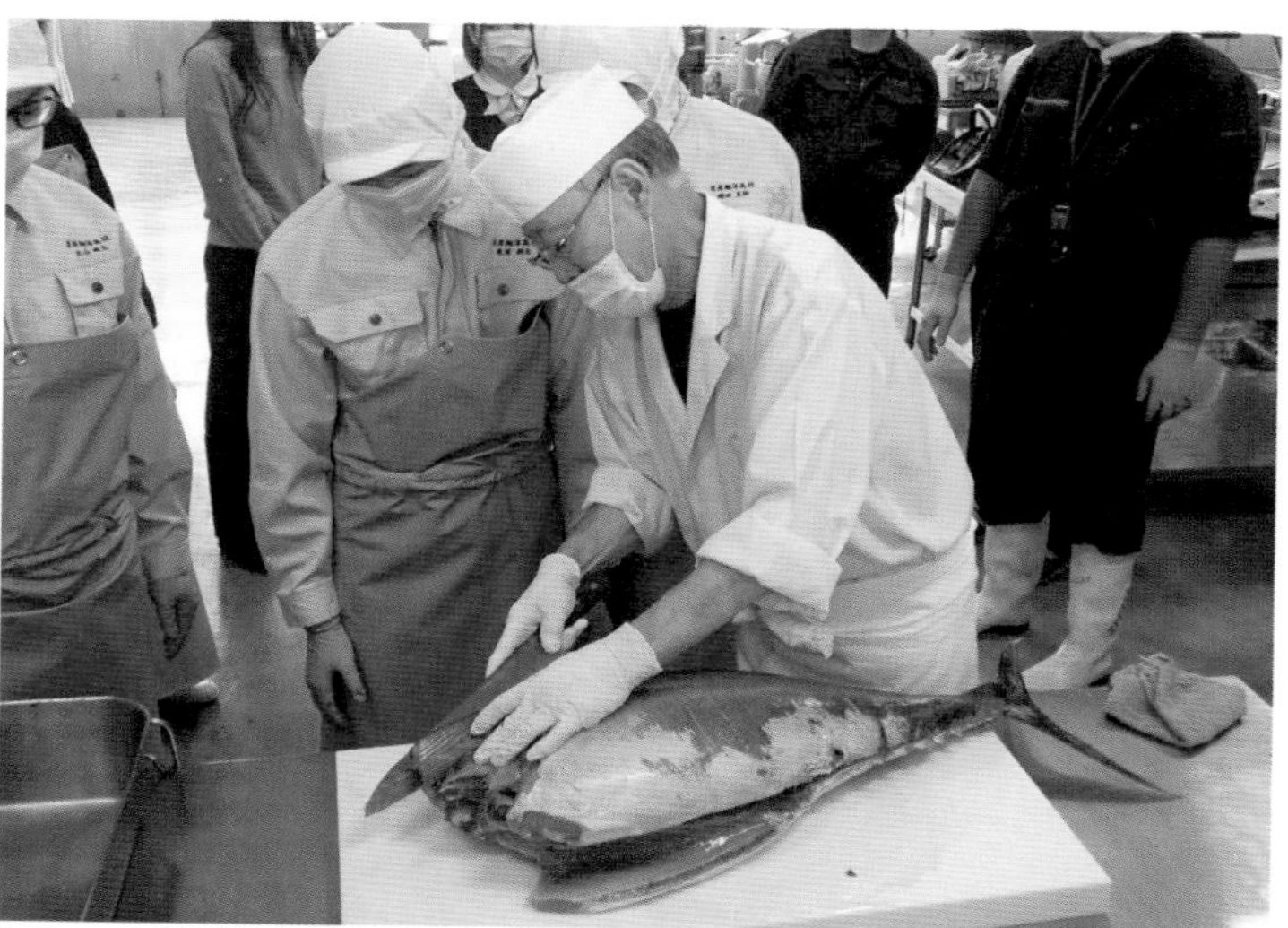
生産コースが長期乗船実習で漁獲したまぐろを町内寿司店主の指導で調理コースが解体

ウバガイ（北寄貝）の解剖

生産コース

小型船舶の実技教習

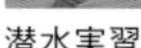

潜水実習

マグロ延縄の操業。大きなマカジキが獲れた（長期乗船実習）

ワッチ（航海当直）の交代（長期乗船実習）

小学生との地引き網体験

町内小中学校との清掃活動

千葉県立館山総合高等学校

水産校舎

千葉県立館山総合高等学校は、安房水産高校と館山高校が統合し、平成二十年に、総合技術高校として開校しました。両校の伝統を継承し、全日制に工業、商業、海洋、家政の四学科と専攻科、定時制に普通科を設置しています。海洋科には、「海洋生産」「海洋工学」「栽培環境」「食品」の四つのコースがあり、第二学年進級時にコース選択をします。

「海洋生産コース」と「海洋工学コース」の学習の中心のひとつは、二年生の三学期に行う五十日間の遠洋航海実習です。両コースの卒業生のうち希望者は、専攻科に進学し、三級海技士（航海、内燃機関）の国家試験合格に向けての実習や学習に取り組みます。

「栽培環境コース」では、つくり育てる漁業を中心に、海の生物や環境を学習しています。二年生でダイビング実習を行い、その総まとめとして、三年生で実習船を利用した小笠原潜水実習を行っています。また、SDGsを意識し、NPO法人と連携してアマモの再生にも取り組んでいます。

「食品コース」では、食品加工、安全管理、流通について学習しています。勝浦港水揚げのカツオを使った「かつおの食べるラー油」、実習船で漁獲したマグロを使った「油漬け缶詰」、和田漁港水揚げのツチクジラを使った「くじら味付け缶詰」などを製造しています。地元産のジビエを使った缶詰などを考案するとともに、異校種交流も盛んに行っています。

【学校所在地】
（本校舎）
〒294-8505
千葉県館山市北条106
（水産校舎）
〒294-0037
千葉県館山市長須賀155

【在校生データ】
（海洋科・専攻科）
1年生17人（うち女子1人）
2年生16人（うち女子2人）
3年生20人（うち女子2人）
専攻科9人（うち女子1人）
合計 62人

渡邉嘉幸校長
明治大学（考古学専攻）を卒業後、県内6校に勤務。家業は漁業だが、専門は歴史。館山総合高校や大原高校で管理職として勤務し、水産・海洋を担当。

生徒インタビュー
Interview

神澤翔牙（かんざわつばさ）さん
（海洋科栽培環境コース 3年）

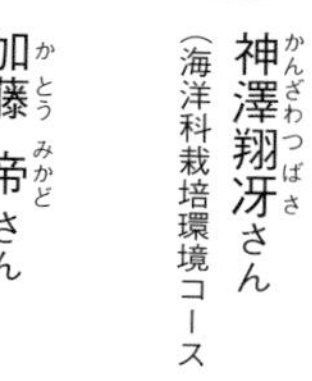
加藤 帝（かとう みかど）さん
（海洋科海洋生産コース 3年）

――この学校の生徒さんは県内から通学されていますね。この学校を選んだ理由は？

神澤：館山で生まれ育ちました。小さいころから魚が好きで、小学四年のときにこの学校での体験みたいなものがあって、それに参加してこの学校のことを知りました。魚のことを学べる海洋科があるこの学校にしました。

加藤：鴨川育ちで、小さい頃から船に乗りたくて知り合いの釣り船に乗せてもらったりしていました。生産コースで船に乗れると聞いたのでここにしました。

――コースではどんなことを学ぶのですか。

神澤：栽培環境コースでは養殖のことをまず学ぶのですが、座学よりも実習が多くて実際に魚と触れ合うことが多いです。養殖しているのはウナギと鮎と金魚です。

あと、ダイビング実習もあって三年間を通して座学と実習で潜れるようになります。三年生で学校の実習船「千潮丸」で十日間の航海で小笠原に行ってのダイビング実習が総まとめです。

加藤：海洋生産コースでは六分儀という機械を使って太陽の高さを測って、そこから自分の場所を割出す計算をしたり、デッキブラシでひたすら磨くデッキ磨きや、沿岸で船に乗り続けてまわりに船がいるかの見張りとか。厳しくて諦めたいと思った訓練はないです。遠洋に行く実習もあるのですが、本来はマグロを獲ったりしてハワイに行くのですがコロナの関係で行けなかったのが残念でした。

神澤：学科で学んでいることや講習を活かして資格も取りやすいです。小型船舶一級・二級、オープンウォータースポーツダイバーなどの資格も取得しました。

加藤：僕は小型船舶一級と、水上バイクに乗れる資格、溶接関係の資格も取りました。

――海で怖い思いをしたことはありますか。

神澤：潜水で特にトラブルはなかったので怖いと感じたことはなかったです。透明度が高いと深い海の底がどこまでも見えないので怖いという友達はいました。

加藤：海が荒れているときには揺れがすごいので少し怖いと思ったりします。荒れているとどうしても船酔いするので、そのときはつらいなと思いましたがだんだん慣れて酔わなくなりました。海洋に出ると障害物が何もないので、見晴らしが良くて、天気がいいと星空も素晴らしくきれいなんです。

——地域との活動をしていますね。

神澤：地域のNPO法人と一緒に授業でアマモを植えて増やそうという計画をしていました。あとは地域の人に楽しんでもらいながら海岸のごみ拾いを取り入れたイベント企画をNPO法人と協力して運営しました。

——就職については。

神澤：授業で学んだことを生かした潜水業に就きます。海の中で溶接をしたり、港をつくったときに海の中で作業をする人です。潜水士という国家資格を取ります。環境も学んできたので環境保全などの仕事にも興味があります。

加藤：船の操縦がしたいです。具体的には決まっていないのですが、漁船もいいなと。遠洋にも行きたいと思っています。この後は専攻科に進学してもう少し学ぼうと思っています。

——進学を考えている中学生にメッセージを。

神澤：小さいころからイメージしていた好きなことをやり通してほしいです。その選択肢の中に海洋のことが入っていたらうれしいです。学んでいて楽しいですし、いろんな就職口もあります。やれることもたくさんあって、魅力がある学科だと思います。一番ここでよかったと思える学校でした。やりたいことができました。

加藤：普通科では体験できないようなことが経験できるので、やってみてほしいです。思った通りの学校で毎日楽しく勉強できています。

（二〇二二年三月取材）

魚礁の生物調査

バックロールエントリー
（ダイビング）

スキューバダイビング実習（小笠原諸島）

深海魚釣り
（アマダイ）

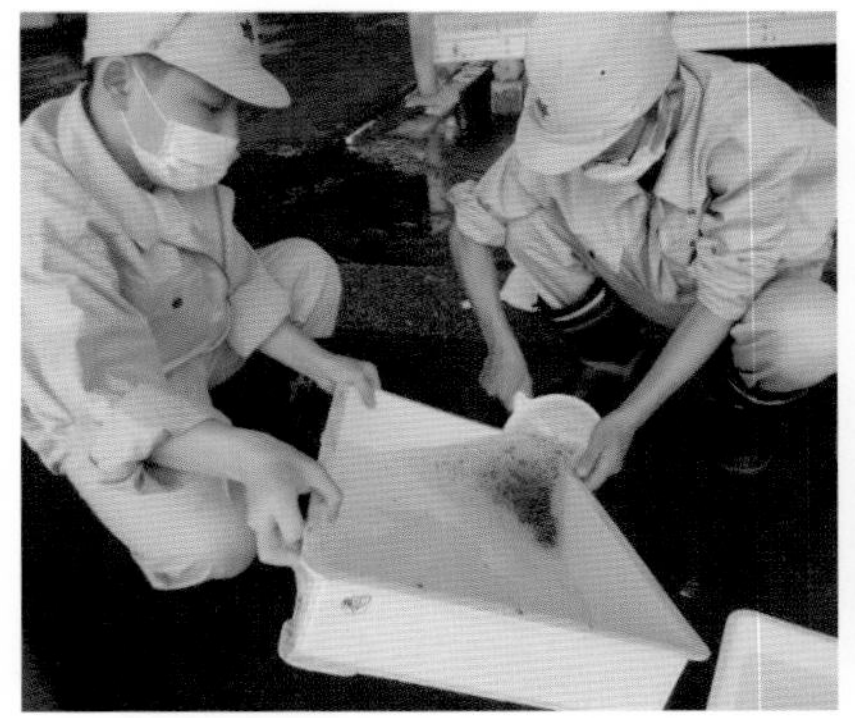
アマモの種子選別

養魚池でコイの取上げ

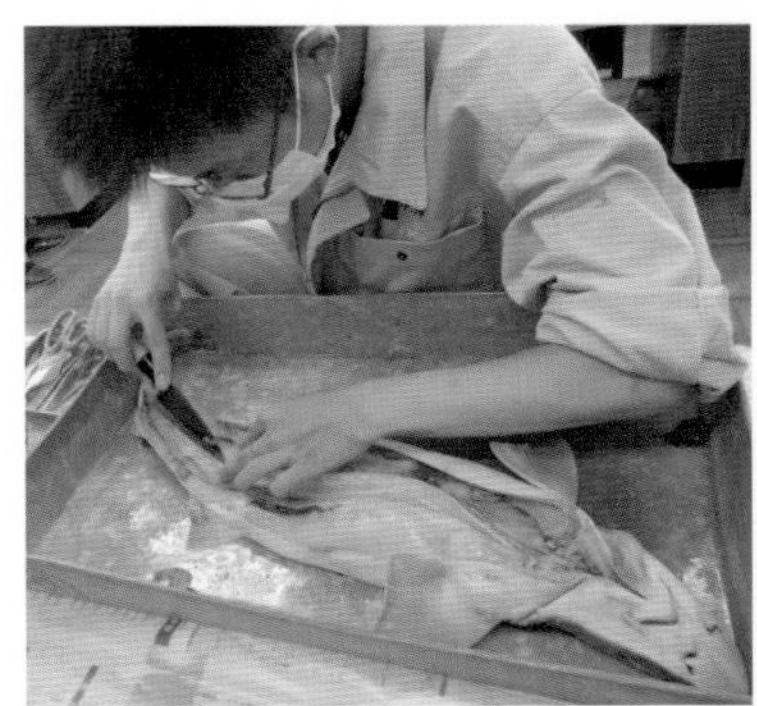
サメの剝製づくり

ウナギの選別

地元養殖場見学
（勝山漁協）

千潮丸

千潮丸体験実習
（1年生）

遠洋航海実習
（千潮丸ブリッジ内）

遠洋航海実習

column 2

海上保安庁の仕事

巡視艇

【海上保安庁の業務】

海上保安官は海上の治安を守ることを職務とし、主な業務は、「警備救難業務」、「海洋情報業務」、「海上交通業務」の３つです。

「警備救難業務」では、密輸・密航・密漁など海上犯罪の取締り、遭難した人や船の捜索救助、船舶火災の消火活動を行うほか、船舶交通が活発な海域では交通指導や取締りを行います。また、国境の海域周辺を警備し、不審船や海洋汚染の監視を行います。

「海洋情報業務」では、水深、海底地形、潮の流れなどを調査し、海図を作成します。調査から得た情報や航路障害物の情報などを、無線で船舶に提供します。

「海上交通業務」では、灯台などの建設や保守を行う業務や、人工衛星からの電波で船舶の位置を把握する業務によって、海上交通の安全を確保します。

本人の希望と適性に応じて、潜水士や特殊救難隊員、国際捜査官など様々な仕事に就くことができます。

【海上保安官になるための資格】

海上保安官になるには、海上保安大学校か海上保安学校を卒業する必要があります。

海上保安大学校（本科４年と専攻科６カ月）では幹部職員を、海上保安学校（１年または２年）では一般職員を養成します。

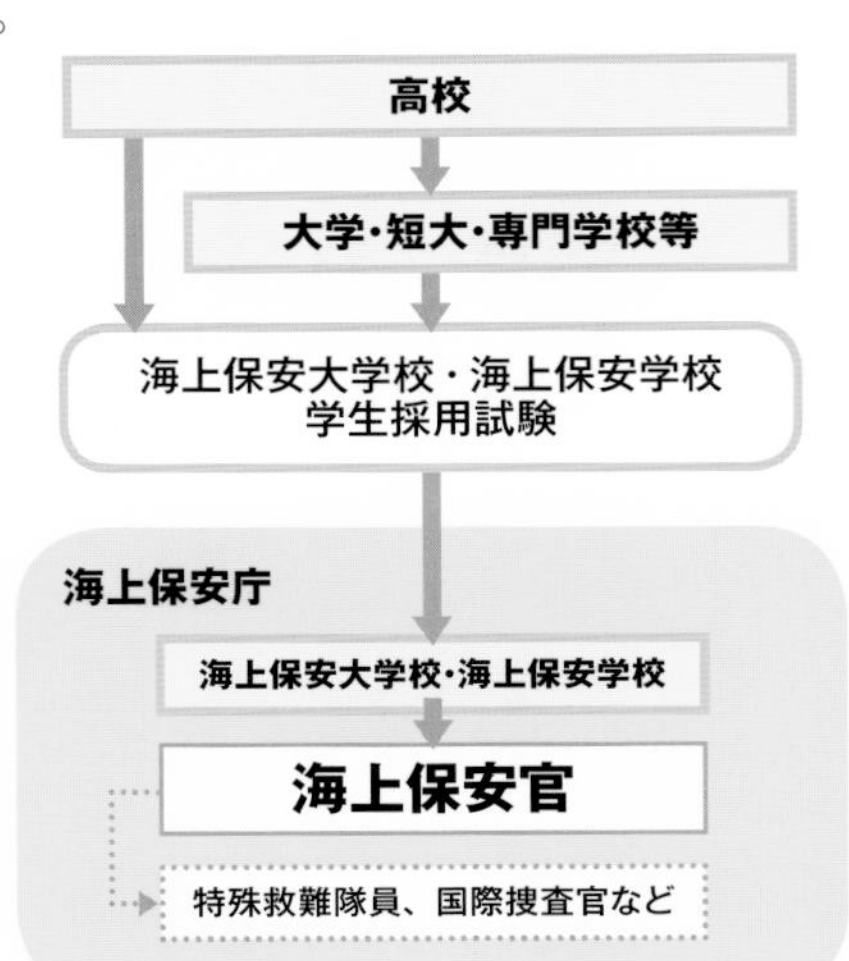

（参照：厚生労働省 職業情報提供サイト）

船員になるための養成教育機関には、海技学校・海上技術短期大学校のほか、海事系大学（東京海洋大学・神戸大学）、商船高等専門学校、水産系高等学校、水産大学校などがあります。船員になってから資格を取得するための海技大学校などもあります。

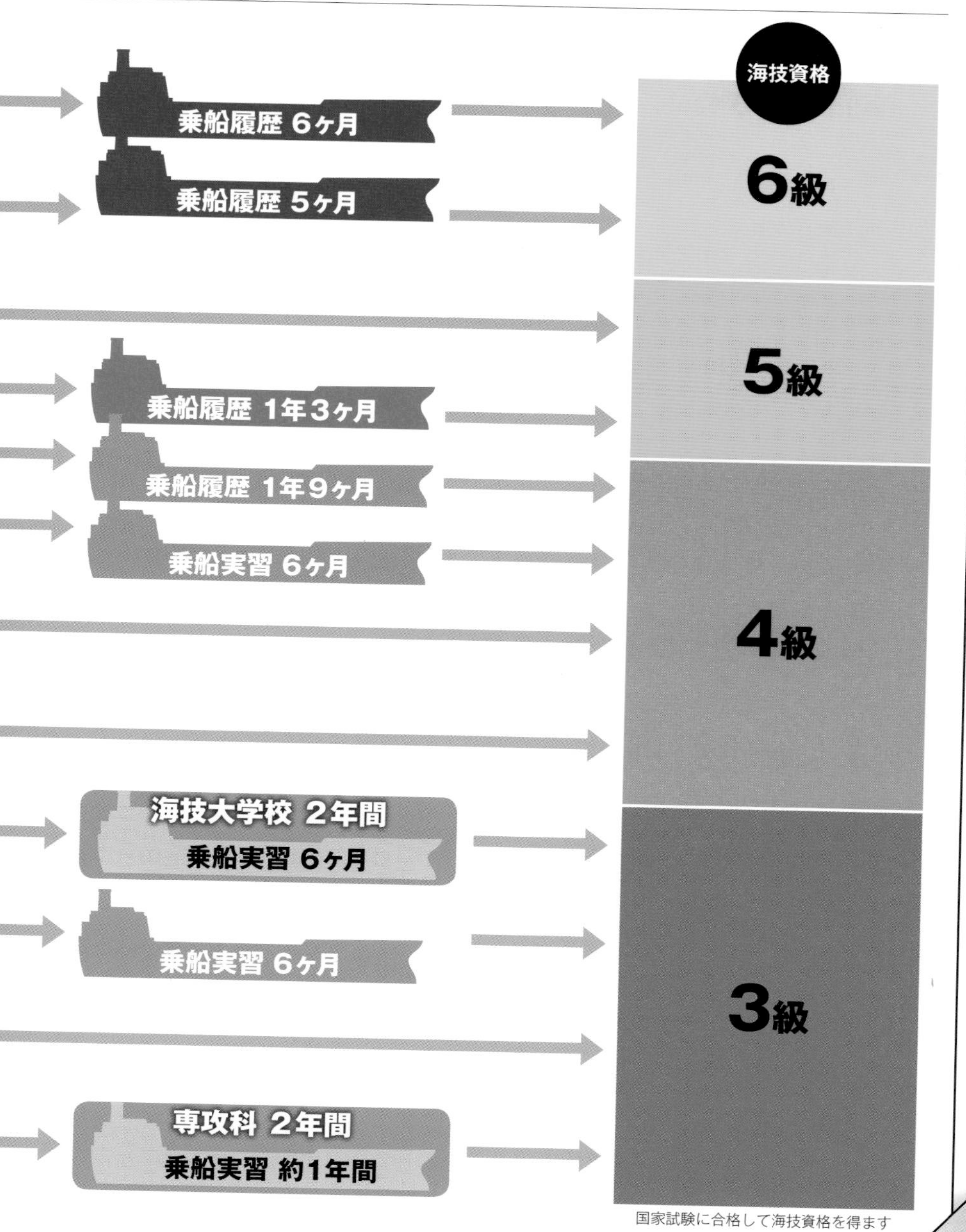

（2022年4月現在）

column 3

船員になるための養成教育機関

一般的な教育体系

（「船舶職員及び小型船舶操縦者法施行規則」第二十六条の規定をもとに図にまとめたものです）

中学校

- ▶ 高等学校 ▶ 6級海技士（航海・機関）4.5ヶ月 社船実習 2ヶ月
- ▶ 水産系高等学校 3年間 乗船実習 3ヶ月
- ▶ 水産系高等学校 3年間 乗船実習 3ヶ月 ▶ 水産大学校 乗船実習 6ヶ月
- ▶ 水産系高等学校 3年間 乗船実習 3ヶ月
- ▶ 海上技術学校 3年間 乗船実習 3ヶ月
- ▶ 水産系高等学校 3年間 乗船実習 3ヶ月 ▶ 水産大学校 乗船実習 6ヶ月
- ▶ 高等学校
  - ▶ 海上技術短期大学校 2年間 乗船実習 9ヶ月
  - ▶ 海上技術短期大学校 2年間 乗船実習 9ヶ月
  - ▶ 東京海洋大学・神戸大学 4年間 乗船実習 6ヶ月
- ▶ 商船高等専門学校 5.5年 乗船実習 1年間
- ▶ 水産系高等学校 3年間 乗船実習 3ヶ月

各学校が養成施設として当該級の資格をもっていることを前提とします
学校により異なる場合があります。詳細は各学校にお問い合わせください

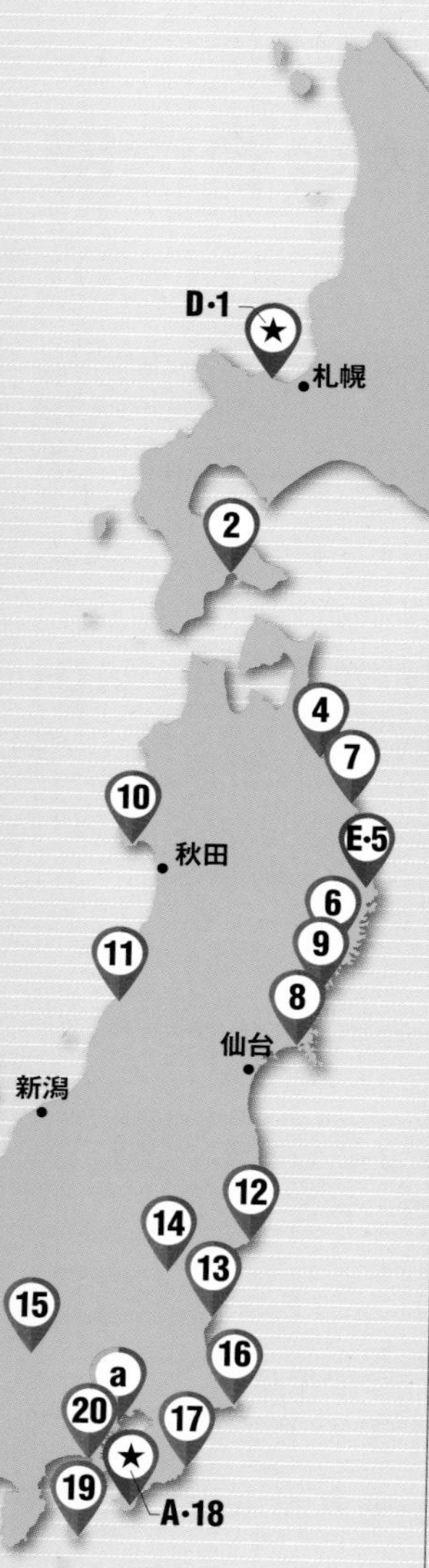

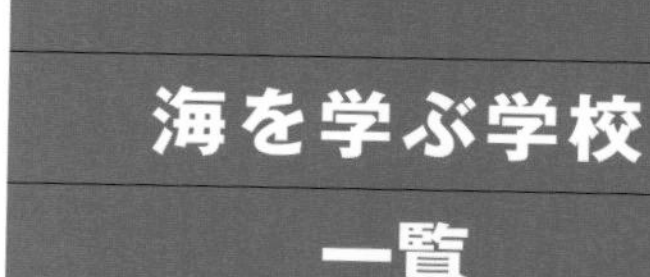

海を学ぶ学校一覧

A 国立館山海上技術学校
B 国立唐津海上技術学校
C 国立口之津海上技術学校 ➡ P.181
D 国立小樽海上技術短期大学校
E 国立宮古海上技術短期大学校
F 国立清水海上技術短期大学校
G 国立波方海上技術短期大学校
H 海技大学校
1 北海道小樽水産高等学校
2 北海道函館水産高等学校
3 北海道厚岸翔洋高等学校 ➡ P.193
4 青森県立八戸水産高等学校
5 岩手県立宮古水産高等学校
6 岩手県立高田高等学校
7 岩手県立久慈東高等学校
8 宮城県水産高等学校
9 宮城県気仙沼向洋高等学校
10 秋田県立男鹿海洋高等学校
11 山形県立加茂水産高等学校
12 福島県立小名浜海星高等学校
13 茨城県立海洋高等学校
14 栃木県立馬頭高等学校
15 群馬県立万場高等学校
16 千葉県立銚子商業高等学校
17 千葉県立大原高等学校
18 千葉県立館山総合高等学校 ➡ P.199
19 東京都立大島海洋国際高等学校
20 神奈川県立海洋科学高等学校
21 静岡県立焼津水産高等学校
22 愛知県立三谷水産高等学校
23 三重県立水産高等学校
24 新潟県立海洋高等学校
25 富山県立滑川高等学校
26 富山県立氷見高等学校
27 石川県立能登高等学校
28 福井県立若狭高等学校
29 京都府立海洋高等学校
30 兵庫県立香住高等学校
31 鳥取県立境港総合技術高等学校
32 島根県立隠岐水産高等学校
33 島根県立浜田水産高等学校
34 山口県立大津緑洋高等学校
35 香川県立多度津高等学校
36 徳島県立徳島科学技術高等学校
37 高知県立高知海洋高等学校
38 愛媛県立宇和島水産高等学校
39 福岡県立水産高等学校
40 長崎県立長崎鶴洋高等学校
41 熊本県立天草拓心高等学校
42 大分県立海洋科学高等学校
43 宮崎県立宮崎海洋高等学校
44 鹿児島県立鹿児島水産高等学校
45 沖縄県立沖縄水産高等学校
46 沖縄県立宮古総合実業高等学校
47 富山高等専門学校 ➡ P.187
48 鳥羽商船高等専門学校
49 弓削商船高等専門学校
50 広島商船高等専門学校
51 大島商船高等専門学校
a 東京海洋大学
b 神戸大学
c 水産大学校

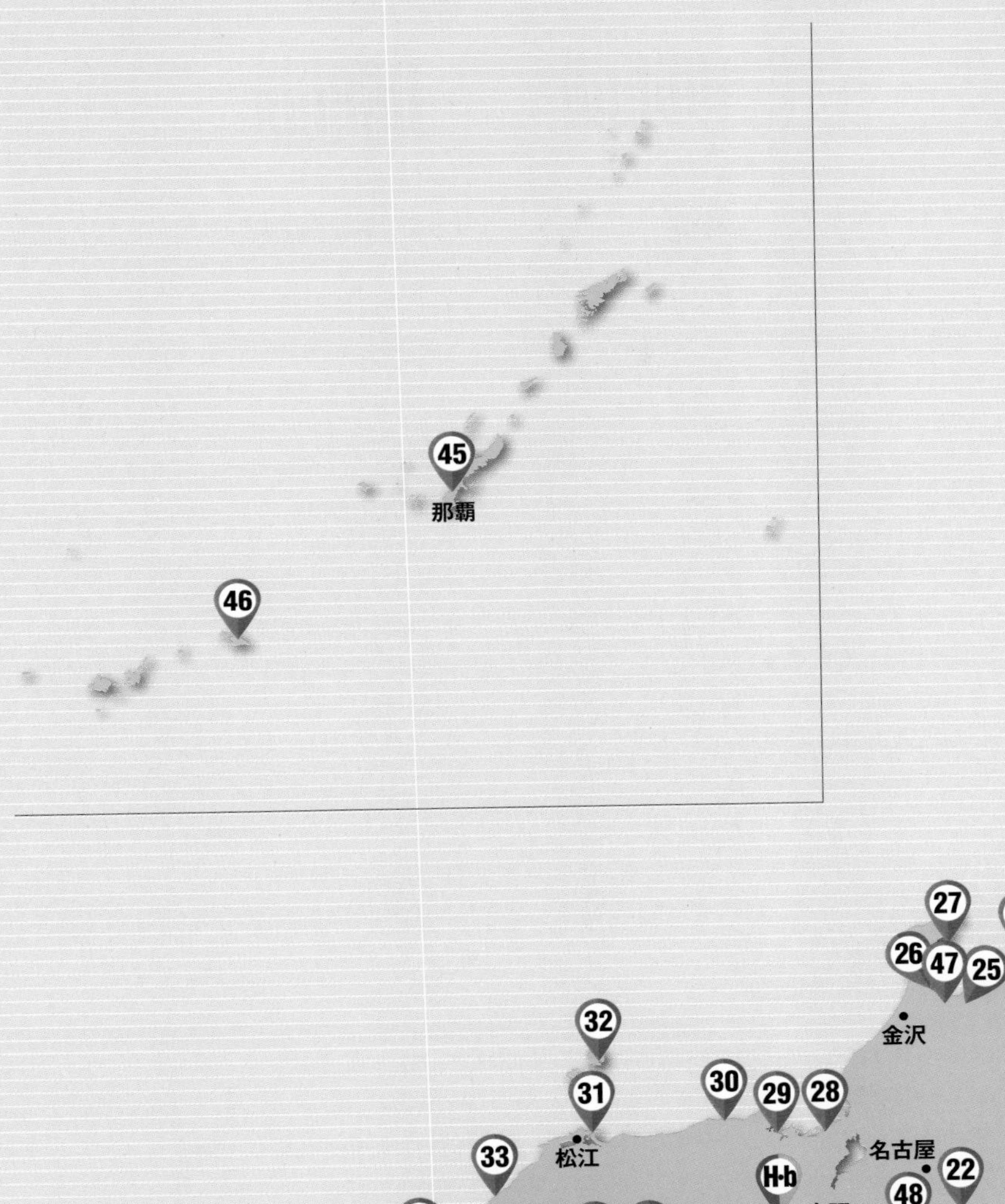

45
那覇
46
27
24
26
47
25
長野
金沢
32
31
30
29
28
松江
33
F
21
名古屋
22
H·b
48
大阪
34
50
49
35
23
c
G
36
39
51
広島
B
37
38
福岡
42
高知
40
41
C
43
鹿児島
44

学校名	学科	郵便番号	所在地	電話番号	地図
富山県立氷見高等学校	海洋科学科	〒935-8535	氷見市幸町17-1	0766-74-0335	26
石川県立能登高等学校	地域産業科	〒927-0433	鳳珠郡能登町字宇出津マ字106-7	0768-62-0544	27
福井県立若狭高等学校	海洋科学科	〒917-8507	小浜市千種1-6-13	0770-52-0007	28
京都府立海洋高等学校	海洋科学科・海洋工学科・海洋資源科	〒626-0074	宮津市字上司1567-1	0772-25-0331	29
兵庫県立香住高等学校	海洋科学科	〒669-6563	美方郡香美町香住区矢田40-1	0796-36-1181	30
鳥取県立境港総合技術高等学校	海洋科・食品／ビジネス科	〒684-0043	境港市竹内町925	0859-45-0411	31
島根県立隠岐水産高等学校	海洋システム科・海洋生産科	〒685-0005	隠岐郡隠岐の島町東郷吉津2	08512-2-1526	32
島根県立浜田水産高等学校	海洋技術科・食品流通科	〒697-0051	浜田市瀬戸ヶ島町25-3	0855-22-3098	33
山口県立大津緑洋高等学校	海洋技術科・海洋科学科	〒759-4106	長門市仙崎1002	0837-26-0911	34
香川県立多度津高等学校	海洋技術科・海洋生産科	〒764-0011	仲多度郡多度津町栄町1-1-82	0877-33-2131	35
徳島県立徳島科学技術高等学校	水産科	〒770-0006	徳島市北矢三町2-1-1	088-631-4185	36
高知県立高知海洋高等学校	海洋学科	〒781-1163	土佐市宇佐町福島1	088-856-0202	37
愛媛県立宇和島水産高等学校	海洋技術科・水産増殖科・水産食品科	〒798-0068	宇和島市明倫町1-2-20	0895-22-6575	38
福岡県立水産高等学校	海洋科・食品流通科・アクアライフ科	〒811-3304	福津市津屋崎4-46-14	0940-52-0158	39
長崎県立長崎鶴洋高等学校	水産科	〒850-0991	長崎市末石町157-1	095-871-5675	40
熊本県立天草拓心高等学校	海洋科学科	〒863-2507	天草郡苓北町富岡3757	0969-35-1155	41
大分県立海洋科学高等学校	海洋科	〒875-0011	臼杵市大字諏訪254-1-2	0972-63-3678	42
宮崎県立宮崎海洋高等学校	海洋科学科	〒880-0856	宮崎市日の出町1番地	0985-22-4115	43
鹿児島県立鹿児島水産高等学校	海洋科	〒898-0083	枕崎市板敷南町650	0993-76-2111	44
沖縄県立沖縄水産高等学校	海洋技術科・海洋サイエンス科	〒901-0305	糸満市西崎1-1-1	098-994-3483	45
沖縄県立宮古総合実業高等学校	海洋科学科・食と環境科	〒906-0013	宮古島市平良字下里280	0980-72-2249	46

●商船高等専門学校

学校名	学科	郵便番号	所在地	電話番号	地図
富山高等専門学校	商船学科	〒933-0293	富山県射水市海老江練合1番2	0766-86-5100	47
鳥羽商船高等専門学校	商船学科	〒517-8501	三重県鳥羽市池上町1-1	0599-25-8000	48
弓削商船高等専門学校	商船学科	〒794-2593	愛媛県越智郡上島町弓削下弓削1000番地	0897-77-4606	49
広島商船高等専門学校	商船学科	〒725-0231	広島県豊田郡大崎上島町東野4272-1	0846-67-3022	50
大島商船高等専門学校	商船学科	〒742-2193	山口県大島郡周防大島町大字小松1091番地1	0820-74-5451	51

●海事系大学

学校名	郵便番号	所在地	電話番号	地図
東京海洋大学	〒108-8477	東京都港区港南4-5-7	03-5463-0400	a
神戸大学	〒658-0022	兵庫県神戸市東灘区深江南町5-1-1	078-431-6200	b

●水産大学校

学校名	郵便番号	所在地	電話番号	地図
国立研究開発法人水産研究・教育機構水産大学校	〒759-6595	山口県下関市永田本町2-7-1	083-286-5111	c

※所在地は、学科のある校舎の所在地を掲載しています。

（2022年4月現在）

●海上技術学校・海上技術短期大学校・海技大学校

学校名	郵便番号	所在地	電話番号	地図
国立館山海上技術学校	〒294-0031	千葉県館山市大賀無番地	0470-22-1912	A
国立唐津海上技術学校	〒847-0871	佐賀県唐津市東大島町13-5	0955-72-8269	B
国立口之津海上技術学校	〒859-2503	長崎県南島原市口之津町丁5782	0957-86-2151	C
国立小樽海上技術短期大学校	〒047-0034	北海道小樽市緑3-4-1	0134-31-5533	D
国立宮古海上技術短期大学校	〒027-0024	岩手県宮古市磯鶏2-5-10	0193-62-5316	E
国立清水海上技術短期大学校	〒424-8678	静岡県静岡市清水区折戸3-18-1	054-334-0922	F
国立波方海上技術短期大学校	〒799-2101	愛媛県今治市波方町波方甲1634-1	0898-41-5278	G
海技大学校	〒659-0026	兵庫県芦屋市西蔵町12-24	0797-38-6211	H

●水産系高等学校

学校名	学科	郵便番号	所在地	電話番号	地図
北海道小樽水産高等学校	海洋漁業科・水産食品科・栽培漁業科・情報通信科	〒047-0001	小樽市若竹町9-1	0134-23-0670	1
北海道函館水産高等学校	海洋技術科・水産食品科・品質管理流通科・機関工学科	〒049-0111	北斗市七重浜2-15-3	0138-49-2412	2
北海道厚岸翔洋高等学校	海洋資源科	〒088-1114	厚岸郡厚岸町湾月1-20	0153-52-3195	3
青森県立八戸水産高等学校	水産食品科・水産工学科	〒031-0822	八戸市大字白銀町字人形沢6-1	0178-33-0023	4
岩手県立宮古水産高等学校	海洋生産科・食物科	〒027-0024	宮古市磯鶏3-9-1	0193-62-1430	5
岩手県立高田高等学校	海洋システム科	〒029-2205	陸前高田市高田町字長砂78-12	0192-55-3153	6
岩手県立久慈東高等学校	海洋科学系列	〒028-0021	久慈市門前第36地割10番地	0194-53-4371	7
宮城県水産高等学校	海洋総合科	〒986-2113	石巻市宇田川町1-24	0225-24-0404	8
宮城県気仙沼向洋高等学校	情報海洋科・産業経済科・機械技術科	〒988-0235	気仙沼市長磯牧通78番地	0226-27-2311	9
秋田県立男鹿海洋高等学校	海洋科・食品科学科	〒010-0521	男鹿市船川港南平沢字大畑台42	0185-23-2321	10
山形県立加茂水産高等学校	海洋技術科・海洋資源科	〒997-1204	鶴岡市加茂字大崩595	0235-33-3031	11
福島県立小名浜海星高等学校	海洋工学科・食品システム科・情報通信科・海洋科	〒970-0316	いわき市小名浜下神白字舘の腰153	0246-54-3001	12
茨城県立海洋高等学校	海洋技術科・海洋食品科・海洋産業科	〒311-1214	ひたちなか市和田町3-1-26	029-262-2525	13
栃木県立馬頭高等学校	水産科	〒324-0613	那須郡那珂川町馬頭1299-2	0287-92-2009	14
群馬県立万場高等学校	水産コース	〒370-1503	多野郡神流町大字生利1549-1	0274-57-3119	15
千葉県立銚子商業高等学校	海洋科	〒288-0837	銚子市長塚町1-1-12	0479-22-1348	16
千葉県立大原高等学校	海洋科学系列	〒298-0004	いすみ市大原7985	0470-62-1171	17
千葉県立館山総合高等学校	海洋科	〒294-0037	館山市長須賀155	0470-22-0180	18
東京都立大島海洋国際高等学校	海洋国際科	〒100-0211	大島町差木地字下原	04992-4-0385	19
神奈川県立海洋科学高等学校	船舶運航科・水産食品科・無線技術科・生物環境科	〒240-0101	横須賀市長坂1-2-1	046-856-3128	20
静岡県立焼津水産高等学校	海洋科学科・食品科学科・栽培漁業科・流通情報科	〒425-0026	焼津市焼津5-5-2	054-628-6148	21
愛知県立三谷水産高等学校	海洋科学科・情報通信科・海洋資源科・水産食品科	〒443-0021	蒲郡市三谷町水神町通2-1	0533-69-2265	22
三重県立水産高等学校	海洋／機関科・水産資源科	〒517-0703	志摩市志摩町和具2578	0599-85-0021	23
新潟県立海洋高等学校	水産科	〒949-1352	糸魚川市大字能生3040	025-566-3155	24
富山県立滑川高等学校	海洋科	〒936-8507	滑川市加島町45	076-475-0164	25

執筆者プロフィール

（掲載順）

加山雄三（かやま・ゆうぞう）

1937年4月11日神奈川県出身。1960年「男対男」で映画デビュー。映画「大学の若大将」をはじめとする「若大将シリーズ」で主演を務める。歌手として1965年に「君といつまでも」が大ヒット。以後も「お嫁においで」など数々のヒット曲を世に送り出す。2019年「海 その愛基金」設立。文化功労者。

石原慎太郎（いしはら・しんたろう）

作家。1932～2022年。1943年、北海道小樽から逗子市に転居。同年、一橋大学に入学。在学中に「一橋文藝」に『灰色の教室』を発表。その後、執筆した『太陽の季節』で第1回文學界新人賞と第34回芥川賞を受賞。『完全な遊戯』『化石の森』『生還』『弟』など著書多数。運輸相、東京都知事などを歴任。2014年、次世代の党最高顧問に就任。同年、政治家を引退。

ちばてつや

1939年、東京生まれ。1950年、友人の作る漫画同人誌「漫画クラブ」に参加。1961年「ちかいの魔球」で『週刊少年マガジン』にデビュー。主な作品に「あしたのジョー」「おれは鉄兵」「のたり松太郎」「あした天気になあれ」など。現在ビッグコミック誌に「ひねもすのたり日記」連載中。

吉野晃希男（よしの・あきお）

1948年、神奈川県生まれ。1972年、東京藝術大学油画卒業。絵本に『こうちゃんの氷川丸』『コピーロボット』『ギンモクセイの枝先に』等。

谷川俊太郎（たにかわ・しゅんたろう）

詩人。1931年東京生まれ。1952年第一詩集『二十億光年の孤独』を刊行。1975年『マザー・グースのうた』で日本翻訳文化賞、1982年『日々の地図』で第三十四回読売文学賞、1993年『世間知ラズ』で第一回萩原朔太郎賞など受賞・著書多数。絵本・翻訳・エッセイ等も多数手がける。最新詩集は『虚空へ』。

北見 隆（きたみ・たかし）

1952年、東京生まれ。1976年、武蔵野美術大学商業デザイン科卒業後、イラストレーターとして活動。1988年、サンリオ美術賞受賞。1997年、ブラチスラバ絵本原画ビエンナーレ金のりんご賞受賞。2016年、作品集『本の国のアリス』、2020年、『書物の幻影』発刊。絵画、版画、立体作家としても活動。現在、宝塚大学東京メディア芸術学部教授。

くぼこまき

東京都出身。早稲田大学第一文学部卒。三越・ソニー勤務を経て漫画家・クルーズライターとして活動。北九州市地方港湾審議会委員。自治体や企業などからの依頼でクルーズの魅力を伝える講演等多数行う。主な著書として『おトクに楽しむ豪華客船の旅 クルーズ、ハマりました！』『理系夫のみるみる片づく！ 整理収納術』など。

Francisco XAVIER ESTEVES
(フランシスコ・シャヴィエル・エステヴェス)

1954年リスボン生まれ。リスボン大学歴史学科卒。ポルトガル外務省入省後、首相外交補佐官、参事官を経て、駐アンゴラ大使、駐モロッコ大使を歴任。外務省経済局局長、国際連合ポルトガル政府代表部も務めた。2015年1月から2021年10月まで駐日ポルトガル大使。

Pereric HÖGBERG
(ペールエリック・ヘーグベリ)

1967年生まれ。スウェーデンのウプサラ大学で政治学学位取得後、スウェーデン国際開発協力庁事務官、在ナミビア・スウェーデン大使館二等書記官、在南アフリカ・スウェーデン大使館一等書記官、スウェーデン芸術評議会国際部課長、スウェーデン外務省アフリカ局局長などを歴任。2016年より駐ベトナム大使、2019年より駐日スウェーデン大使。

Hasan Murat MERCAN
(ハサン・ムラット・メルジャン)

1959年アール県出身。ボスフォラス大学工学部産業工学科卒業、同大学同学部にて修士課程修了後、米国フロリダ大学にて決定・情報科学博士号を取得。大学教員を務めた後、エスキシェヒル選挙区から第22期トルコ大国民議会議員に選出。2012年から2014年、トルコ共和国エネルギー天然資源副大臣。2017年11月から2021年2月まで駐日トルコ大使。

木原知己 (きはら・ともみ)

九州大学卒業後、日本長期信用銀行（現新生銀行）などを経て現在早稲田大学大学院非常勤講師。専門分野は船舶金融論、船主経営論、海洋文化論。著書に『船舶金融論』『波濤列伝』『号丸譚』『躍動する海』など。

チバコウゾウ

1971年東京生まれ。イラストレーター。日本電子専門学校卒。リクルート映像をへて、原宿の表参道ヒルズ「gallery80」、「日本外国特派員協会FCCJ」、白金「BOTTEGA VINI」などで個展開催。劇団「ZENRYOKU劇音団」「王様の演劇部」チラシ作成、「おおたか静流」MV制作、「カミブクロ仮面」原作、「パッソス・カナヴァロ美術館」所蔵、「KEPT」代表、「3時間で3日分働く会社」所属。

三木 卓 (みき・たく)

詩人、作家。1935年、静岡県出身。早稲田大学露文科卒。詩集『東京午前三時』でH氏賞。小説「鶸」で芥川賞、「路地」で谷崎潤一郎賞、「裸足と貝殻」で読売文学賞。評伝「北原白秋」で蓮如賞、歴程賞、毎日芸術賞。小説「K」で伊藤整文学賞。近刊に『平成その日その日』。日本芸術院会員。

宮崎 緑 (みやざき・みどり)

千葉商科大学国際教養学部教授、鶴岡八幡宮総代。鎌倉出身。政府税制調査会や衆議院選挙区画定審議会等、国の政策決定過程に参画。現在は国家公安委員。天皇陛下御退位の特例法制定に関する有識者会議や元号選定会議のメンバーをつとめた。NHK「ニュースセンター9時」初の女性ニュースキャスター。奄美の地域文化発信拠点である奄美パークの園長、田中一村記念美術館館長を兼務。

棚橋善克 (たなはし・よしかつ)

泌尿器科医師。東北大学医学部卒。東北大学医学部臨床教授、東北大学客員教授、通産省NEDOプロジェクトリーダーなどを経て、2004年「棚橋よしかつ＋泌尿器科」開設。日本泌尿器科学会専門医、日本超音波医学会名誉会員。東北セーリング連盟会長、東北大学ヨット部OB会(白翠会)会長。日本超音波医学会特別学会賞、日本内視鏡研究財団顕彰、日本セーリング連盟特別功労賞など受賞。著書は『泌尿器科超音波を使いこなす』など多数。

林家木久扇 (はやしや・きくおう)

落語家。1937年、東京都生まれ。1960年、3代目桂三木助門下入門。没後、1961年8代目林家正蔵門下になり、芸名・林家木久蔵となる。1973年、真打に昇進。2010年、落語協会相談役に。2007年、落語界史上初の親子W襲名により木久扇となる。日本テレビ「笑点」レギュラー53年目の最古参。ラーメン事業家、漫画家、作詞家、錦絵作家など、さまざまな分野で活躍。著書も多数。

中濱武彦（なかはま・たけひこ）

兵庫県西宮市生まれ、鎌倉育ち、平塚市在住。中濱万次郎の直系曾孫。東京ガス勤務後、執筆活動に入る。講演・TV等で活躍中。日本ペンクラブ・鎌倉ペンクラブ・日本海事史学会会員、代表作『ファスト・ジャパニーズ ジョン万次郎』（電子書籍）、『ジョン万次郎の羅針盤』など。

田村 朗（たむら・あきら）

1954 年、青森県生まれ。編集者・ライター。地方紙記者からノンフィクション作家事務所を経て出版社に勤務。中央大学法学部卒。横浜市在住。著書に絵本『こうちゃんの氷川丸』『ベイリーとさっちゃん』。

衛藤征士郎（えとう・せいしろう）

大分県玖珠町出身。早稲田大学政経学部卒・同大学院修了（国際政治学）、玖珠町長2期（全国最年少29歳）、参議院議員1期（36歳）・衆議院議員（42歳）以後連続13期当選。衆議院副議長、防衛庁長官、外務副大臣、農林水産政務次官、衆議院大蔵・予算・決算・国家基本政策委員長など要職を歴任。現在、自民党外交調査会長を務める。

橋 秀文（はし・ひでぶみ）

美術史家。1954年神戸生まれ。『岩波近代日本の美術 描かれたものがたり：美術と文学の共演』（酒井忠康氏と共著）、『水彩画の歴史:カラー版』、『「戦争」が生んだ絵、奪った絵（とんぼの本）』（野見山暁治氏、窪島誠一郎氏と共著）など。

前田万葉（まえだ・まんよう）

1949年、長崎県新上五島町生まれ。カトリック大阪大司教区・大司教・枢機卿。1975年サン・スルピス大神学院卒業、司祭叙階。2011年司教叙階。2014年大司教着座。2018年枢機卿親任。著書に『烏賊墨の一筋垂れて冬の弥撒』『前田万葉句集』。

平田豊弘（ひらた・とよひろ）

1957年、熊本県生まれ。元天草市世界遺産推進室室長、現在、天草市立天草キリシタン館館長。専門は考古学、アーカイブズ学。別府大学非常勤講師。史跡調査、キリシタン遺物調査など地域史を研究。著書（共著）に『歴史資料の保存と地域史研究』『キリシタン大名』。

室井 滋（むろい・しげる）

女優・エッセイスト。富山県出身。早稲田大学在学中に1981年「風の歌を聴け」でデビュー。映画「居酒屋ゆうれい」「のど自慢」等で多くの映画賞や、2012年日本喜劇人大賞特別賞、2015年松尾芸能賞テレビ部門優秀賞を受賞。また絵本『しげちゃんのはつこい』『会いたくて会いたくて』、『ヤットコスットコ女旅』、『むかつくぜ！』『すっぴん魂』シリーズ他電子書籍化含め著書多数。

小林和男（こばやし・かずお）

ジャーナリスト。1940年生まれ。東京外大卒。NHKモスクワ、ウィーンの特派員で海外駐在14年。92年にソ連崩壊の報道で菊池寛賞。サイトウ・キネン財団評議員。著書『エルミタージュの緞帳』（日本エッセイスト・クラブ賞）、『白兎で知るロシア』、近著『希望を振る指揮者～ゲルギエフと波乱のロシア～』。

竜崎 蒼（りゅうざき・そう）

1989年生まれ。鎌倉市出身。もの書き。鶴岡八幡宮に臨む段葛を通学路に育ち、慶応義塾大学文学部で学ぶことで日本の歴史的素養を育む。また、卒業後はポーカープレーヤーとして世界各地のトーナメントを転戦しながら見分を広げることで国際情勢に関心を向け、グローバルな世界における日本という視座に立った執筆を行う。

黒瀧秀久（くろたき・ひでひさ）

1957年、青森県生まれ。東京農業大学教授。東京農業大学生物産業学部長のほか、米国ミシガン州立大学、中国南京農業大学の客員教授、全国農学系学部長会副会長、復興農学会副会長等を歴任。地域活動にも精力的に取り組み、北海道総合開発委員会委員、北海道森林審議会委員なども務めた。近著に『榎本武揚と明治維新：旧幕臣の描いた近代化』・『森の日本史』など。

山田三郎（やまだ・さぶろう）

1930年大阪府泉南市生まれ。関西学院大学商学部卒業。商社勤めを経て、伯父・松田竹千代代議士の私設秘書となる。1958年、泉陽興業株式会社を設立。1960年頃より全国各地の百貨店で屋上遊園地を経営。1970年の大阪万博以降、全ての国際博に参画するとともに国内外で観覧車を中心に事業を展開。1982 ～ 2007年、全日本遊園施設協会（JAPEA）会長。

大貫映子（おおぬき・てるこ）

海人（うみんちゅ）くらぶ代表。東京都出身。1982年英仏海峡横断泳に成功（日本人初の公認記録）。アマゾン川をカヌーで4500km下る旅も経験。編集記者を経て、幼児から90代まで幅広い層に水泳や海の楽しさを伝える活動を展開。東京海洋大学非常勤講師（夏期水泳/遠泳実習）。早稲田大卒。西豪州Edith Cowan大学准修士修了（レジャー学）。（公財）日本水泳連盟ＯＷＳ（オープンウォータースイミング）委員。

石塚英彦（いしづか・ひでひこ）

1962年、神奈川県生まれ。関東学院大学卒業。TBS「ぴったんこカン☆カン」、日本テレビ「火曜サプライズ」、「メレンゲの気持ち」などのテレビ番組にレギュラー出演。俳優、アーティストとしても活動し、2020年2月6日に音楽バンド「オーバーオールズ」として、1stアルバム「CHECK LIFE」をリリース。

伊藤玄二郎（いとう・げんじろう）

1944年生まれ。星槎大学教授、エッセイスト。専門は日本文学。リスボン工科大学客員教授。南蛮屏風修復事業など、さまざまな国際文化交流活動を行っている。著書に『氷川丸ものがたり』『エヴォラ屏風の世界』『風のかたみ』『末座の幸福』など。神奈川文化賞、正力松太郎賞受賞。

二階堂正弘（にかいどう・まさひろ）

1948年、宮城県生まれ。主な作品に『兵隊さん物語』『極楽町一丁目』『少年剣豪無茶四』（電子書籍）、『無茶四と13人の鎌倉時代』等。文春漫画賞、日本漫画家協会大賞。

髙梨早苗（たかなし・さなえ）

1954年生まれ。葉山町在住。詩人・新川和江に師事する。同人詩集に「阿由多」「プラットホーム」「レへティア」。第一詩集に『ローズヒップの林で』（2004年）。若い頃から詩に親しみ、20年程前からは物語を詩にして綴り、一行一行から広がる想像の世界に惹かれて物語詩の分野にも取り組む。

山﨑優子（やまざき・ゆうこ）

1961年生まれ。神奈川県出身。絵本作家・画家。絵本に『しずかなみずうみ』『るすばんいす』等のほか『月刊こどものせかい』『ぼくたちのうた』など。絵画は海外アートフェアに出品。

又吉栄喜（またよし・えいき）

小説家。1947年、沖縄県生まれ。1970年、琉球大学卒業。1977年「ジョージが射殺した猪」で九州芸術祭文学賞。80年「ギンネム屋敷」ですばる文学賞。1996年「豚の報い」で芥川賞。「人骨展示館」等がフランス、イタリア等六ヶ国で翻訳出版。「豚の報い」等が映画化。南日本文学賞、九州芸術祭文学賞等の選考委員。

芝田崇行（しばた・たかゆき）

1973年生まれ。神奈川県出身、鎌倉在住。鎌倉にある株式会社スピック代表取締役社長を2010年より務める。趣味はヨット。（公財）日本セーリング連盟環境委員長、（一社）江の島ヨットクラブ会長代行、外洋湘南常任委員を歴任。2020東京オリンピックでは競技役員を務め、現在（一社）江の島ヨットクラブ理事。

石原良純（いしはら・よしずみ）

俳優・気象予報士。1962年神奈川県逗子生まれ。慶應義塾大学経済学部卒業。舞台、映画、テレビドラマなどに多数出演。湘南の空と海を見て育ったことから気象に興味を持ち、1997年、気象予報士に。日本の四季、気象だけでなく、地球の自然環境問題にも力を入れている。

伊藤玄二郎（いとう・げんじろう）
エッセイスト、星槎大学教授。関東学院大学、早稲田大学客員教授を経て現職。鎌倉ペンクラブ会長。日本の言葉と文化を軸に様々な国際文化交流活動を行っている。著書に『氷川丸ものがたり』(住田正一海事奨励賞)、『風のかたみ』、『末座の幸福』など。アニメーション映画「氷川丸ものがたり」(山縣勝見賞特別賞)制作。神奈川文化賞、正力松太郎賞受賞。

船の仕事 海の仕事

発行　全日本海員組合

編集　伊藤玄二郎

制作・発売　かまくら春秋社
鎌倉市小町二―一四―七
電話〇四六七(二五)二八六四

印刷　ケイアール

二〇二二年五月二〇日　発行

ISBN978-4-7740-0853-0　C0095